西式
陶瓷餐具
鉴赏宝典

〔日〕加纳亚美子　玄马绘美子　著

胡 菡 译

电子工业出版社·

Publishing House of Electronics Industry

北京 · **BEIJING**

陶瓷餐具不仅能让我们感受到"观赏性乐趣"和"使用性乐趣"，还能带给我们"知其所以然的乐趣"。

市面上有关陶瓷餐具的书籍大多为名瓷鉴赏或关于餐桌布置的书，又或是陶瓷史类的学术书籍和介绍陶瓷古董的专业书籍，难免有浅尝辄止或深奥难懂的情况，肯定有不少读者都希望看到简单、通俗易懂的关于陶瓷餐具的入门书。

本书不仅具有观赏性和实用性，还兼具知识性，算是一种不同以往的全新的写作方式。就像近年对艺术作品的鉴赏方式不仅限于感受性的体验一样，在具备一定美术知识之后以解读绘画作品的方式来鉴赏正逐渐被大家认可。本书中，我们对陶瓷餐具的设计也进行了细致地解读。

关于餐具种类、制作方法、历史背景、设计风格、器型样式等知识，也全部收录在书中。

·因为喜欢做菜从而对摆盘产生了兴趣；
·因为喜欢喝红茶从而想了解更多关于茶具的知识；
·想对在旅行中发现的或在陶艺艺廊中偶遇的餐具有更深层的了解；

对"没有太多专业知识，只是单纯地因为喜欢陶瓷餐具才想了解更多"的读者们，请一定不要错过这本书。

本书以初学者为对象，按照基础知识、品牌、艺术风格、专业术语、人物等分门别类，以递进式讲述的形式，加深读者对陶瓷知识的理解，对专业术语我们也尽可能地用通俗易懂的方式进行详解。关于历史方面的解说，我们着实下了一番功夫，对时代背景下发生的历史事件进行深度挖掘来加深读者的理解，"因为有那样的历史背景，才诞生了这样的餐具"。为了让大家对不同的设计风格能一目了然，我们搭配了大量的图片。仅用文字描述无法解释明白的地方还添加了插画作为补充说明，希望帮助读者更轻松地阅读本书。

与此同时，为了避免读者在阅读过程中遇到瓶颈，避免产生读教科书式的感觉，我们还增加了以前在陶瓷餐具讲座中的问答内容和一些杂记，希望借此增加内容的充实度。

帮助读者把自己所了解的知识、经验一个个串联起来，再把了解、体会、感悟、感动的印迹也一个个串联起来。学生时代为了应付考试死记硬背的历史知识、曾经在美术馆里欣赏到的绘画作品、读过的书、看过的电影、听过的音乐、曾几何时在某间餐厅使用过的餐具……通过阅读本书把这一个个过往串联成线，令视野由此得以拓展，并从中获得喜悦，读毕不禁感叹"原来如此，这些看似不相干的内容竟然都可以串联起来！"

我们通过帮助读者了解陶瓷器皿，让读者们加深对陶瓷餐具的爱、对餐具使用的爱、对教养的认知，当读者不被流行所左右，带着自己的坚持走进陶瓷器皿店"选我心中之选"时，我们撰写此书的目的便达到了。

——加纳亚美子 玄马绘美子

Herend（赫伦海兰德）Apponyi（阿波尼）系列

Wedgwood（威基伍德）
Spring Blossom（春蕾）系列

Noritake（则武）Evening Majesty（夜殿下）系列

左：Ginori1735（基诺里1735）Impero（因佩罗）系列 / 右：Bernardaud（柏图）Consulat系列

第三章
从艺术风格了解西式陶瓷餐具

第四章
西式陶瓷餐具与世界史

第五章
西式陶瓷历史上的重要人物

本书共分为五章，分别介绍与陶瓷器皿相关的基础知识、品牌、艺术风格、陶瓷发展历史和人物故事。第一章，解说构成西式陶瓷器皿的基本原料、器皿种类、图案种类等。第二章，按产地对陶瓷餐具的品牌进行介绍。第三章，依照年代顺序对餐具设计的基础——不同年代的艺术风格进行总结。根据不同风格介绍其特征、要素、代表作品。第四章，介绍艺术风格和陶瓷器皿设计的历史背景。第五章，介绍世界历史上的名人和陶瓷餐具历史上不可或缺的代表人物。附录汇总了使用和购买陶瓷餐具的注意事项，以及参考文献。

👉 阅读指南

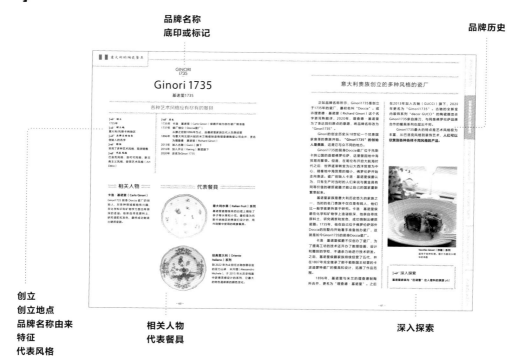

品牌名称
底印或标记

品牌历史

创立
创立地点
品牌名称由来
特征
代表风格

相关人物
代表餐具

深入探索

品牌名称	品牌名称	代表风格	各品牌所具有的主要艺术风格
底印	器皿底部的刻印图案或徽标图案	相关人物	与品牌创立或发展息息相关的人物
创立	创立年份	代表餐具	每个品牌都拥有很多产品系列，本书着重介绍最具代表性的系列。关于系列名称的标示皆基于各品牌的标示，部分有所差异
创立地	品牌现在位于其他地点的也登载现地址		
品牌名称由来	各品牌名称的源起	品牌历史	总结各品牌诞生和发展的过程。重要的部分用粗体字记述，最重要的部分用马克笔标注
特征	各餐具品牌特征	深入探知	总结在其他章节中介绍过的内容

第一章

陶瓷器皿的基础知识

在讲解陶瓷餐具知识之前，让我们先了解一下"烧制器皿"。

对陶器器皿的原料、釉药、制造方法、种类等进行一定的了解。

我们将按照陶瓷餐具的分类、成分、制造方法、品牌历史、种类、设计风格逐一解读。

烧制器皿

餐具有漆、玻璃、塑料、木质等多种材质和种类，
其中占最大比重的要数被统称为"烧制器皿"的陶瓷餐具。
烧制器皿最大的特点：所有器皿均以土成型且经过烧制而成。

英语中，"ware"一词有"烧制器皿"的意思，
与意为"穿衣服"的动词"ware"有所区别。
在本书中所出现标记"ware"的地方皆指烧制器皿。

烧制器皿的分类

黏土器皿（Clayware）

○ 世界上最古老的烧制器皿，即通常所说的"素烧"。
○ 材料为黏土。密度低，容易漏水。550℃~800℃素烧器成坯。

炻器（Stoneware）

○ **代表餐具有西式餐具品牌Wedgwood（威基伍德），日式餐具中的备前烧等。**
○ 炻器是介于陶器与瓷器之间的陶瓷器皿。
○ 在1200℃~1300℃的高温下烧至器皿表面呈玻璃化，坯体致密坚硬，液体渗透度极低。
○ 日式餐具中的炻器几乎不上釉。西式餐具中的炻器为了配合刀叉的使用有些会上釉（Wedgwood的Jasper ware"浮雕玉石"系列除外）。
○ 炻器一词是日本明治时代以后从英语中直译过来的，在中国古籍中称之为"石胎器"。

陶器（Earthnware）

○ 世界上最主流的烧制器皿。**西式餐具中的Maiolica（马约利卡）陶器、Delft（代尔夫特）陶器，日式餐具中的荻烧、益子烧**等尤为出名。

○ 在1000℃~1250℃的高温下烧制而成。与炻器的本质区别在于陶器制作过程中需要施釉，并须经过两次烧制。

\ 本书主角登场！/

瓷器（Porcelain/china）

○ 以**西式瓷器中的 Meissen（梅森），日式餐具中的有田烧**作为代表。

○ "瓷器"一词来源于中国宋代，因当时的官窑位于磁州而得名。

○ 宋代时，中国景德镇最先烧制出了白釉瓷器。

○ 17 世纪时瓷器在欧洲大陆被称为"白色金子"，与金子的价格不相伯仲。

○ 主要材料为瓷石。

○ 具有透明或半透明性，吸水性极弱，轻弹能听到清澈的金属音。

○ 根据材料和烧制温度不同分为硬质瓷器、软质瓷器、骨瓷等。

○ 中国是瓷器的故乡，因此英文"China"（中国）一词也同时具有瓷器（china）之意，但两者是否有紧密关联，学术界尚无确认的结论。Porcelain 的词源请参照P14。

☞ 陶瓷器皿的分类

		黏土器	炻器	陶器	瓷器
		土制器皿			石制器皿※
		陶瓷器皿大部分属于炻器、陶器和瓷器			
材质特征	透光性	无	无	无	有
	音色	浊音	清音	浊音	金属音
	吸水性	有	若干	若干	无
	颜色	陶土色	陶土色	陶土色	白色
施釉		无	少	多	多
烧制温度		550℃~800℃	1200℃~1300℃	1000℃~1250℃	1200℃~1400℃

※瓷器与其他烧制器皿不同，因为其原料为瓷石，所以又称为石制器皿。

详解！ 陶瓷器皿的分类

陶器、瓷器、骨瓷是西式餐具领域的三大烧制器皿。

陶器属于土制器皿，瓷器属于石制器皿，骨瓷是含有骨粉的瓷器。

在西式餐具中因为这三种器皿的基调都是白色，所以要区分它们其实并不容易。

首先，让我们从特征方面对这三种器皿进行讲解。

☞ 陶器（p15）

Sarreguemines
（音译：萨尔格米讷）

主要原料
陶土。
底足多为胎土色。

器身
整体感觉较为坚硬厚实，白色器皿并非是纯白色的。

开片
指陶器在冷却凝固时因材质与釉药收缩比例不同而形成的表面浅层裂纹，这种裂纹是在烧制过程中自然形成的。

音色
用手指轻轻敲击，声音暗哑。

透光性
无

瓷器（p14）

主要原料

陶石

近年来开发出了人工合成陶土和"半瓷"，想从原料上区分陶器和瓷器变得越来越困难。

器身

大部分器皿体态轻薄、有光泽。白色器皿通体呈雪白色，有着玻璃器皿般的光泽。

开片

无

音色

用手指轻轻敲击，有清脆的金属音。

透光性

有

透光性极佳

Augarten（奥格腾）

骨瓷（p16）

主要原料

骨粉

骨粉含量占50%以上的称为"细骨瓷"（Fine bone china）。

器身

质地轻盈有光泽。白色器皿呈奶白色，在灯光下隐隐透光。

开片

无

音色

用手指轻轻敲击，有清脆的金属音。

透光性

有

Wedgwood
（威基伍德）

硬质瓷器的必备材料——高岭土

我们日常所说的瓷器一般都是指硬质瓷器。本章中介绍的含有高岭土的瓷器也被称为真正的瓷器，不含高岭土的瓷器称为软质瓷器，最具代表性的就是骨瓷。

硬质瓷器的原材料是陶土，**陶土主要由高岭土、石英及长石所组成，**其中最重要的材料就是呈鳞片状结晶的黏土矿物高岭土。

高岭土因为开采于中国的高岭山而得名，因其含铁量低、杂质少，通常为白色。除了作为烧制瓷器的原材料使用，也用于着色，我们日常生活中使用的纸张、化妆品、塑料制品中的白色就来自高岭土。

因为瓷器中含有高岭土，所以它比陶器更白、更薄，更具有透光性。

在瓷器中去除红褐色的氧化铁成分并经过高温火焰烧成的素白色器皿称为白瓷。白瓷诞生于南北朝末期至隋朝时期（公元12—14世纪）的中原地区。

关于白瓷的烧制方法在欧洲大陆一直到300多年前都是个不解之谜。这些极具魅力且制法成谜的瓷器漂洋过海来到欧洲，瞬间俘获了无数王侯贵族的心，也为德国梅森瓷器的诞生起到了推波助澜的作用，从此，西式陶瓷器皿的历史大幕被缓缓拉开。

釉药

给器皿上釉是指在烧制好的器皿生坯上涂上一层玻璃质的釉层，通俗一点说就像给餐具穿上一件外套。下面我们就来介绍器皿烧制过程中最重要的要素之一——釉药。

釉药（又称釉料）是指在烧制好的陶瓷器皿生坯表面涂一层玻璃质粉末，汉语中也经常用"釉"来表示。

把釉药融入水中制成浆液，经喷涂或浸蘸附着在素烧生坯表面，此过程被称为上釉。

为了让生坯干燥首先需要经过低温（500℃~900℃）烧制，这个阶段称为"素烧"。素烧器皿在上釉之后需要再次经过高温烧制，称为"釉烧"。在这个过程中，釉药中富含的玻璃质粉末被高温熔化覆盖在坯体的表面，在冷却时玻璃化，形成一种光亮的玻璃质产物，这就是釉化。釉药增加了器皿的强度、装饰性、密实度、平滑性，除此之外其最大的优点就是杜绝了吸水性（液体渗入的性质），即防水。**釉化就像给器皿穿上了一件外套。**

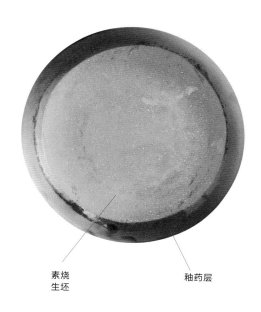

素烧
生坯

釉药层

铅釉

使用铅作助熔剂的釉药。施釉陶器（P120）所使用的方铅矿釉（Galena）也是铅釉的一种，方铅矿是一种硫化物。

锡釉

含氧化锡的釉药。马约利卡陶器（Maiolica）和锡釉彩陶（Faience）都使用了锡釉。

盐釉

一种凝结釉。高温时，将盐类化合物投入燃烧的窑内，使之汽化，与陶瓷坯体表面发生化学反应，从而生成一层透明、润滑且有光泽的薄膜。最有名的要数Royal Doulton（皇家道尔顿）的盐釉炻器。

自然釉

在高温烧制过程中，富含植物微粒的玻璃质成分形成釉药状附着于器皿表面。自然釉属于不假人手的附着物，所以呈现出一种天然的造型美，多见于日本备前烧等。

陶瓷器皿的制造方法

以日本大仓陶园为例，展示硬质瓷器的制造过程。

采访协助：大仓陶园

从素地（生坯）到生地（成品）

在大仓陶园，器皿从成形到素烧的过程叫作"素地"（生坯），从施釉到烧制完成叫作"生地"或"白生地"。如果成型器皿的直径是100厘米，那么烧制完成后的成品直径会变成82~85厘米，收缩率为15%~18%。

1
淘泥（制作坯泥）

两种原料

将高岭土、长石、硅石混合之后进行湿式——粉碎完成，将水分滤干，取出。
①练土是将坯泥中的空气挤压出去后形成的，属于含水分少的坯泥。
②泥浆是在坯泥中加入解胶剂和水以增强其流动性，属于含水分多的坯泥。

将坯泥中的空气挤压出去之后形成的练土。

→ 使材料干燥

2
拉坯

坯泥成型

①将练土放在石膏模具中，使用陶瓷造型机进行造型（旋压成型）。
②将泥浆注入石膏模具中，石膏把泥浆中的水分吸收成型（注浆成型）。
手工瓷器不使用模具而是手工控制制坯。

在石膏模具中注入泥浆。

石膏模具将水分吸收，坯泥达到标准厚度之后将多余的泥浆冲掉，将坯泥从石膏模具中取出。

素烧完成！

3
素烧

第一次烧制

静置晾干。干燥后的生坯需要在880℃的高温下经过3个小时素烧，目的是为了使坯体内的水分挥发。黏土经过脱水分解之后可以进行装饰绘画和施釉。

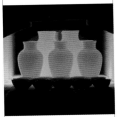

素烧完成时发光的生坯。

→ 绘画装饰是在施釉前的生坯上进行（P12）

4
施釉

将生坯浸入釉药浆液

将素烧且装饰完成后的生坯上釉。釉药和坯泥采用相同的原料（高岭土、长石、硅石），只是在配比量上与坯泥有所差异。釉药经过高温烧制后熔化，冷却后形成一种光亮的玻璃质产物。

施釉中。

品牌

1460℃的极致追求——大仓陶园采访后记

在撰写本书的过程中，我们得到了日本大仓陶园的大力协助。大仓陶园是采用1460℃高温烧制的品牌，据说1460℃的高温设定是参考了从前法国利摩日（Limoges）瓷器烧制时所采用的温度。

当温度达到1300℃以上时，每提升10℃就需要消耗庞大的资金。大仓陶园自创立以来，一直秉承"好物之上有好物"的理念，所以在这至关重要的温度上绝不让步。正是因为对1460℃高温烧制方法的极致追求才有了大仓陶园独创的"冈染技术"和独一无二的"大仓白"。

通过这次采访我们切身体会到它为何会成为皇室御用瓷器，同时被那么多行家所喜爱。

带我们参观陶瓷工厂的铃木好幸社长

▷ 生坯完成！◁

5

本烧

第二次烧制

将施釉后的生坯进行高温烧制，生坯中的成分烧结变成硬质瓷，表面的釉药层变成玻璃质，烧成后的成品体积会缩小一圈，触感润滑。

本烧用的隧道型窑炉内，生坯被放在一个个匣钵（耐火性容器）里，装在推车上进行烧制。匣钵冷却后将烧成品取出。

本烧时的样子。

6

装饰绘画

彩绘

本烧后的装饰绘画称为彩绘，有手绘和贴花两种方式。

彩绘师参照样品精心绘制。

7

花纹烧制

第三次烧制

彩绘结束后将烧成并绘画后的器皿再次放入880℃的高温中烧制。根据技法的不同，有时需要重复数次彩绘和烧制过程。

8

硬质瓷器完成

从物质变化看瓷器制造

以科学的视角了解瓷器的制造方法

原料和成型

相对于陶器的原料大部分采用灰色或褐色的土（陶土），瓷器的制造原料则是磨成粉状的白色石头（陶石）。陶石也有很多种类，在这里我们无法一一列举，最具代表性的风化后质地变脆的花岗岩[①]，是经地下热水将岩石中的铁过滤后（令铁中含有的黑色矿物消失）而变成的白色石头。花岗岩变质之后晶石结构强固的石英颗粒直接留下，长石受热水的影响一部分变成被称为黏土矿物的高岭土[②]。

[①]墓碑、建材领域等多用此岩石。名称因产地而不同，在日本最有名的是御影石和庵治石。主要矿物为石英（呈白色或灰色，有透明感，成分为二氧化硅。透明的结晶被称为水晶）、长石（乳白色或桃粉色，含有钾和纳，这是非常关键的）、黑云母（因为含有矿物铁所以呈黑色）。

黏土矿物在陶瓷器皿的造型上起着至关重要的作用。黏土顾名思义就是有黏着性的土，加水之后变得具有可塑性。石英和长石无论研磨得多细、颗粒多小，加水之后也不会出现黏着性，它们无法变成坯泥，需要含有黏土的矿物才能捏制出陶瓷器皿的原型。石英和长石经过烧制也不会变色，但是黏土中含有矿物质铁，所以会像备前烧和丹波烧那样呈赤褐色。高岭土是不含矿物铁成分的纯白色黏土，所以可以烧制出纯白色的瓷器。

[②]高岭土是黏土矿物的一种，它有一个听起来挺可爱的名字，这个名字来源于中国。中国古代景德镇以制造瓷器闻名，因为制造瓷器所使用的原料开采自景德镇高岭村，因此得名，它由长石中含有的纳和钾过滤后而成。

干燥

为了增加黏着性，拉胚成型前需要加水，让黏土的性得到充分发挥。但到了烧成（陶瓷器皿烧制过程）的阶段，水就变成了多余的东西，只要残留一点点水分就会在温度急速上升时发生汽化导致器皿破裂。

1毫升水汽化之后会膨胀到22.4升。汽化之后的水如果在烧制过程中能够穿过粒子之间被排出去就没有任何问题，但是如果粒子之间是闭塞的，就会因为水分急速膨胀导致压力上升，当周围的部分无法承受压力时就会出现龟裂，从而导致器皿在烧制过程中破碎，这也是为什么在烧制之前需要花费足够长的时间进行干燥。黏土矿物的结晶构造中也含有水分，但是其含量远远小于拉胚时所加入的水，所以不算什么大问题。

烧成

干燥后的生坯在进行烧制时有两个非常重要的步骤：烧结和玻璃化。烧窑温度上升，粒子间的距离瞬间缩小使得胚体致密化，这就是烧结。留意所有烧制完成的陶瓷器皿，会发现它们都比烧制前要小一圈。但是若仅完成这一步，坯体上仍会残留许多气孔，没有足够的强度，可能还会漏水，并不能实现作为陶瓷器皿在使用上的功能性。此时就需要进行施釉，即给陶瓷上釉，让釉药在高温下发生玻璃化，这样就实现了增加器皿强度和防水性的目的。另一方面，瓷器的强度大大高于陶器，所以不存在漏水的问题。瓷器致密，轻轻敲击呈清脆的金属音。它的秘密在于烧制过程中生坯上烧结和玻璃化同时出现，陶器是在其表面形成一层玻璃质层，而瓷器不仅在表面，在内部也同样被玻璃涂层包裹，是强度极高的器皿。

玻璃化的关键在于碱性金属和碱性土类金属元素，最具代表性的就是长石中含有的钾和纳，从严格意义上来讲它并不算是瓷器，但和它具有相近性质的骨瓷中所含有的原料——动物骨灰中富含钙质。

在烧成的阶段，原料中的石英在接近1050℃时质变成被称为方石英[③]的矿物（成分不变只有结晶构造发生变化）。高岭土要经过几个阶段（过程太过复杂在此割爱），温度达到约1000℃时质变成富铝红柱石[④]。石英和高岭土的形状变成固体留下之后，长石在1200℃时熔化，变成玻璃化流入方石英和富铝红柱石微粒的间隙中，就像胶水一样把这些微粒连接在一起。同时，长石中的纳和钾伴随着

其他矿物和富铝红柱石与剩下的成分发生反应[⑤]，矿物表面的熔点下降，这个过程推动了玻璃化（液化），换句话说，长石就是握着玻璃化那把钥匙的矿石。如果所有的矿石都玻璃化，那么窑里则不会出现一件成品。方石英和富铝红柱石在经过调整的温度下烧制所以不会熔化，同时发挥了作为骨架的功能，让器皿在保持原型的状态下烧制完成。骨瓷中所使用的骨粉（磷酸钙）与瓷器有所不同，它生成的是磷酸系玻璃，但是在玻璃化这层意思上两者达到的效果是一样的。可以想象一下，在超级显微镜下观察混着不起眼的砂石的水泥路和沥青路，应该有助于大家更容易地理解瓷器的内部构造。

③方石英又叫白硅石，属于晶质石英的一种变体（二氧化硅），烧成时体积急速增加。高温时一度转变成β-方石英的石英，冷却之后并不会还原，在约220℃时转变成α-方石英，这次会急速收缩。这样的体积变化对烧制器皿来说存在致命伤，会直接导致器皿破裂，但由于瓷器是将陶石碾碎之后烧制而成的，它的每个粒子都非常小，所以基本上不会出现问题。

④富铝红柱石作为天然矿物质属于产出极少的稀有矿物，所以在烧制器皿中所使用的富铝红柱石通常都是人造矿物。铝的含有量比高岭土高，高岭土在变成富铝红柱石的过程中将多出来的二氧化硅作为石英和方石英释放出去。

⑤举例，纯粹的二氧化硅的熔点（开始熔化的温度）是1650℃，加入钾之后转变成硬玻璃成分时熔点瞬间下降至750℃，更在纳的作用下转化成纳玻璃之后只需635℃就能出现玻璃化。

结束语

高岭土使黏土成型，长时间在烧制中玻璃化，方石英和富铝红柱石在烧成时防止器皿破裂，三种矿物各司其职。瓷器的原料陶石，就是应这三种矿物不同属性之间绝妙的组合而成的，换句话说，陶石就像做松饼时使用的混合面粉一样。在分析技术发展的现代社会，原料的来源变得十分简单，但是在古代只有亚洲国家（中国、朝鲜、日本）才有瓷器的年代，欧洲人为了再现这一技术可谓大费周章。在了解瓷器历史时，当你意识到以当时的技术能追本溯源出瓷器的

原料来自陶石，并且能摸索出烧制瓷器所需的最适合的温度，这是一件多么了不起又令人感动的事啊！

在这一章，对瓷器的制作过程我尝试着用简单易懂的文字从物质的观点上进行解析。但是由于世界各地所产的陶石原料成分、矿物质构造各不相同，烧制过程和温度自然也不一样，所以本章内容并不适用于所有陶瓷器皿，仅代表通常情况，还望读者谅解。

撰文：玄马脩一郎，2006年日本东北大学理学研究科地学硕士毕业。曾在矿山公司、耐火物制造公司就职，现就职于大型化学制造企业。个人兴趣是收集矿物和贝类等并对其进行研究。

陶瓷餐具的彩绘技法

在餐具上绘制花纹等有三种常用的装饰方法。在这里我们简单地介绍一下手绘法和将印好的贴纸直接贴在器皿上的贴花法。顺便说一下，金彩（也称描金）是指采用黄金色釉上彩作为装饰的绘制方法，是在施釉完成且经过本烧之后进行的。

手绘（*Hand printing*）

① 釉下彩（underglaze）

釉下彩是指施釉之前在经过素烧后的坯体上进行绘画。大部分采用钴蓝色装饰的青花瓷器皿都属于这一范畴，在日式餐具中被称为"染付"。图为Royal Copenhagen（皇家哥本哈根）的Blue fluted（唐草）系列。

颜料	釉药	颜料
坯体		

② 釉中彩

釉中彩是指高温中在釉药熔化时，使颜料渗入釉内，冷却后令釉面封闭的技法。颜料和釉药相互结合，是一种独特的渗透表现方式。图为大仓陶园的Blue rose（蓝色玫瑰）系列。

颜料	釉药	颜料
坯体		

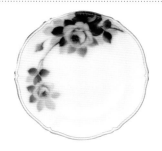

③ 釉上彩

釉上彩是指在施釉后经过本烧的生坯上绘制各种纹饰，之后再行低温烧制的技法。因为烧制温度相对较低，所以可以使用各种色彩进行自由创作。抚摸手绘的装饰部分能感觉到略微的凸起。图为Meissen（梅森）的Basic flower（经典花卉）系列。

颜料	釉药	颜料
坯体		

印刷贴纸转印

如今，很多西式陶瓷餐具在彩绘时都使用贴花纸（印刷）技法，就是将印在转印纸上的图案直接粘贴在餐具上代替手工釉上彩绘制步骤的方法。这种方法很适合批量生产，其最大的魅力在于让消费者可以用便宜的价格购买到高格调的餐具，也为消费者提供了更多元的选择。

铜板转印技术

在彩绘陶瓷的世界里，手绘曾经是唯一的装饰方法，随着铜板转印这一划时代技术的诞生，推动了陶瓷器皿领域的产业革命，从此改变了彩绘装饰界。Spode（斯波德）瓷器最大的贡献之一就是利用铜板转印技术让陶瓷器皿实现了批量生产。

铜板转印英文名为transferware或transfer、print ware，听到铜板转印大概会联想到把器皿直接放在铜板上复制花纹，实际并非如此。这个方法与版画原理相似，也就是说在铜板上雕刻花纹，涂上颜料，随后将图案印在轻薄的胶纸上，再将其转印在陶瓷器皿上。

虽然方法很传统，但是需要高超的技术。在铜板上需要手工雕刻出图案，直径1厘米内就有1000个描点，印有图案的胶纸需要准确无误地贴在素烧好的坯体上，这些都需要非常娴熟的技术。在印刷技术发达的现代社会，人们会觉得这是一个非常烦琐又费时的技术，但是在当时，一幅版画可以复制数百幅，这个既节省成本又可以批量生产的技术无疑是具有划时代意义的。

铜板转印的器皿是纯手工操作，因此在印制过程中会因为技师的力度不一致而令器皿颜色浓淡不匀。但是，与现代的印刷贴纸转印技术相比更具有传统手工的味道，色彩的浓淡差异也成为一种个性的体现。

很遗憾，如今Spode瓷器已经不再生产铜板转印技术的瓷器了。如果读者对铜板转印器皿感兴趣，不要错过位于英国斯托克（Stoke-on-Trent）的Burleigh工房出品的瓷器。

Burleigh
（正式名称为Burgess & Leigh）

1851 年创立，现在在英国国王赞助下运营。工匠们至今沿用传统制法，所有商品都是手工制造。

铜板转印技术

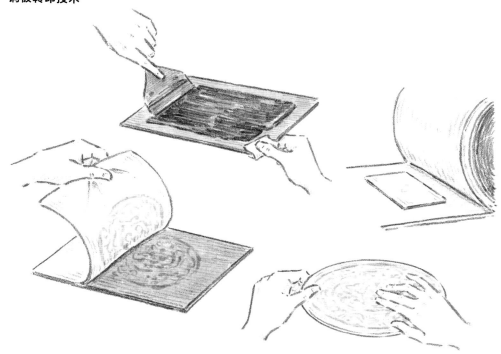

① 用毛刷蘸上以钴为原料的颜料涂在铜制的金属板上。
② 用肥皂水把轻薄的"胶纸"浸湿。
③ 将胶纸与①的金属板重合，让花纹印在胶纸上。
④ 把胶纸按照不同的图案切割。
⑤ 把胶纸上的图案转印到素烧后的器皿上，用毛刷将胶纸刷平整。
⑥ 蘸水之后将胶纸揭下。
⑦ 器皿上釉后经高温烧制完成。褐色的颜料在烧制后变成漂亮的蓝色。

陶瓷器皿的起源

西式陶瓷器皿的历史真正开始大约有300多年。中国瓷器流传到欧洲大陆之后，欧洲人经过不断的尝试和失败，西式陶瓷器皿终于诞生。接下来就让我们一起了解一下西式陶瓷器皿的诞生历史吧。

1.马可·波罗带回的中国瓷器

"如贝壳般美丽的烧制器皿"令无数欧洲人为之心醉。

瓷器发祥于中国，13世纪时它第一次出现在欧洲文献中。马可·波罗在他撰写的《东方见闻录》（又名《马可·波罗游记》）中介绍了来自东方的瓷器。

马可·波罗是意大利威尼斯的商人，他在中国生活了17年，旅程结束时他将中国瓷器带回意大利，称其为"porecellana"，porecellana在意大利语中意为"宝贝"，也是英语中瓷器"porcelain"的来源，有"像宝贝般白皙有光泽的物品"*之意。

马可·波罗在书中盛赞他带回的这个宝贝是"手工制造中登峰造极的宝石"。

当时的欧洲只能生产施釉陶器（Slipware），是一种手感厚重的多为褐色的烧制器皿。可以想象在那个时代当马可·波罗遇到洁白、轻薄、有光泽的瓷器时的那种震撼和感动，这一点从瓷器的语源"porecellana"也能看出来。之后，欧洲大陆对瓷器的研究逐渐升温，欧洲各国都开始进行不同的尝试，希望在本国也能烧制出如东方瓷器般美丽的器皿。

2.美第奇瓷（Medici porcelain）

最接近东方瓷器的制法！混合黏土之外的物质创造出具有划时代意义的烧制器皿。

16世纪末，文艺复兴运动即将进入尾声，当时意大利文艺复兴运动重要的资助人、意大利贵族美第奇家族的工匠制造出了具有划时代意义的烧制器皿，他们在制造陶器的黏土中混入玻璃，试图让器皿呈现出像瓷器般半透明的质感。

这就是西洋陶瓷器皿的始祖——美第奇瓷器。严格意义上来讲它并不属于瓷器范畴，但是将玻璃混入黏土中这个想法成为之后瓷器开发至关重要的转折点。

但是这种方法也存在问题，混入玻璃的坯泥质地松软无法烧制成器。因为生产效率得不到提高，美第奇瓷器制法被逐渐弃用，如今，全世界仅存60余件成品。

*关于这个名称来源有一种说法，因为"宝贝"在意大利语中意为制作螺钿（一种手工艺品，把螺壳或贝壳镶嵌在漆器、硬木家具或雕镂器物的表面，制作成有天然彩色光泽的花纹、图形）时使用的材料，而瓷器被形容成"连螺钿的美都无法与之比拟的烧制器皿"，因此而得名。

3.代尔夫特陶器
（Delfts blauw）

曾经悬挂于荷兰东印度公司玄关处的代尔夫特白色烧制器皿。

进入17世纪，欧洲的王侯贵族们都醉心于收集东方瓷器，人们甚至开始取笑那些瓷器收藏家得了"瓷器病"。这些制法成谜、质地轻薄、充满魅惑的白色器皿，令他们着迷，丧失理智地为其豪掷财产。

欧洲人在经过各种尝试和失败后终于钻研出一种方法，能简单烧制出如瓷器般的白色器皿。他们将白色釉药从陶器上方浇盖下来，制造出了从外表上看起来是白色的"貌似白色瓷器"，这种白色釉药是从锡中提取出来的，因此被统称为"锡釉陶器"。

其中，最著名的要数曾经悬挂于荷兰东印度公司玄关处的代尔夫特陶器，它模仿东印度公司进口的东方瓷器，**采用具有东方特色的青花设计**，一时间吸引了大众的眼球。

此后，瓷器制造越发白热化，虽然王侯贵族们的需求急剧减少，但瓷器对坊间的老百姓来说依旧如高岭之花高不可攀，百姓仍然在使用锡釉陶器。这也使得坊间的器皿在设计风格和样式上有了独特的发展，与王侯贵族所使用的瓷器样式截然不同。

4.梅森瓷器制造所

西式硬质瓷器终于诞生，从此拉开了西式瓷器文化华丽的大幕。

18世纪初，欧洲各国竞相开发制造本国产的白色瓷器，竞争进入白热化。终于，萨克森王国（今德国萨克森州）国王奥古斯特二世命人开发出了真正的瓷器。

解开瓷器制法之谜的人是炼金术士柏特格，1710年他在萨克森王国领地内的梅森建立了工坊，这便是**西式瓷器历史上最古老的名窑——梅森瓷器制造所**的开始。

梅森瓷器制造所的建立成为令18世纪西式陶瓷器皿百花齐放的契机。

从13世纪马可·波罗带回中国瓷器开始，一直令欧洲人魂牵梦萦的白色瓷器终于在欧洲大陆开花结果。但也是从此时开始，为了得到被称为"白色金子"的瓷器制造秘方，不仅是罗马帝国，邻近的奥地利等国家也源源不断地将间谍送到梅森，西式瓷器从此进入了争乱期。

同时，伴随着西式瓷器的诞生，欧洲人对中国、日本等地进口的瓷器的热衷程度逐渐降温，在文化方面也与欧洲特有的宫廷文化相结合，形成了西式陶瓷文化。

英国瓷器和划时代的瓷器——骨瓷的诞生

至此我们所介绍的都是欧洲大陆的情况，那么，在英国又是一番什么样的景象呢？其实英国瓷器的发展方式与欧洲大陆截然不同，其原因是在英国根本找不到烧制硬质瓷器必不可少的高岭土。

18世纪中叶，在伦敦南部的瓷窑，匠人们将动物骨灰混在瓷土中烧制器皿，之后经过各地的瓷窑不断尝试、总结经验，终于在1799年将这个不可思议的配方制作出来，这就是骨瓷（Bone china）。在日本，骨瓷又叫作骨灰瓷器。

英国人有喝红茶的习惯，不仅王侯贵族热衷，在平民百姓之间也十分流行。当时正值乔治王朝时期，人们狂热追求中国热（Chinoiserie）、工业革命带来了机械化、奴隶制贸易下白糖生产量增加，这三大要素相互结合让骨瓷茶具眨眼之间开始批量生产，骨瓷与红茶文化一起在市民中普及开来。

在18世纪前从没有人想过英国人自己发明的骨瓷会普及全世界，并备受世人喜爱。

☞ 骨瓷的特征

原料中混入了动物（主要是牛）的骨灰（有机物）	⟺	其他陶瓷和瓷器属于无机物
生坯是乳白色的	⟺	其他瓷器呈发蓝的冷白色
比一般的硬质瓷器的强度高2.5倍	⟺	一般的瓷器因为烧得很硬，对冲击力反而很脆弱

历史

日本是从什么时候开始制造西式瓷器的

1889年，日本人森村市左卫门参加了当时在巴黎举办的世界博览会，他被当时展出的西式瓷器深深吸引，同时也痛心于日本工业技术的落后，于是他开始着手准备批量生产西式瓷器。1904年他成立了公司并开始烧制西式瓷器，这就是则武瓷器的源起。曾经是瓷器发达国家的日本，开始将西式瓷器反向进口。

如今，则武不仅是日本国内规模最大的西式瓷器制造商，也是海外出口的大鳄，早已成为享誉世界的知名品牌。13世纪，马可·波罗从中国带回欧洲的瓷器文化，经过700年绕地球一周后以另一种形式回到了日本，不得不感叹东洋文化与西洋文化的循环往复。

奶油色陶器（Creamware）

第一次工业革命始于18世纪60年代，此时在英国诞生了划时代的陶器——奶油色陶器（Creamware），这是首次在欧洲大陆大批量生产的、比骨瓷更早出现的陶器。18世纪后期，奶油色陶器的制造技术迅速在欧洲普及。骨瓷至今在英国保持着高奢品的地位，而奶油色陶器却是从上流阶层到平民百姓均被广泛使用，它作为锡釉陶器最强有力的竞争对手有着不可撼动的地位。

在匈牙利，奶油色陶器主要被贵族和上流阶层当作餐具使用。到19世纪中叶，匈牙利一共有三十多家奶油色陶器制造工厂，著名的海兰德瓷器的前身就是创立于1826年的奶油色陶器制造工厂。

上图中（大图）是Wedgwood（威基伍德）的"Husk Service"系列。盘子是现代复刻品，适用于微波炉和洗碗机，质感与原作有很大区别。

两套杯碟都来自Wedgwood。图中左前方是Wedgwood独有的奶白色陶器（皇后御用瓷Queen's ware）"Festivity"系列。右后方是"INDIA"骨瓷系列。比起骨瓷的清冷感，奶油色陶器通身呈乳白色的质感更有温度。

西式陶瓷餐具的种类和名称

本章属于入门须知，介绍西式陶瓷餐具的部位、名称和收藏必备款。

器皿的部位和名称

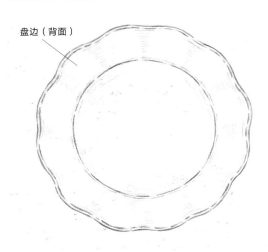

盘边（背面）

背面

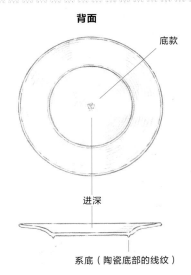

底款

进深

系底（陶瓷底部的线纹）

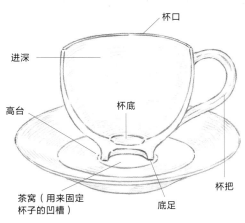

杯口

进深

高台

杯底

茶窝（用来固定杯子的凹槽）

底足

杯把

> ☞ **底款**
>
> 底款是指用转印纸或压模等方式来标记的刻印底章。通常包括品牌、制造年代、制造方法等，是珍贵的信息源。右图图案是大仓陶园出品的瓷器的底款。

盘边

盘子的边缘部分，比进深高的部分。

高台

器皿的底部，与桌子实际接触的部分。

杯口

杯子的边缘部分。

把手

杯子的把手。

进深

杯子或碗的内侧，茶托凹进去的部分。

杯底

杯子内侧最底部。

基础款名称

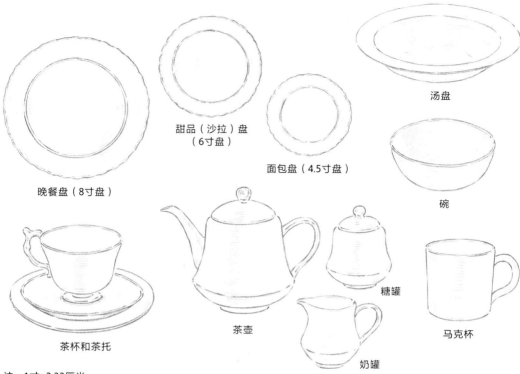

甜品（沙拉）盘
（6寸盘）

面包盘（4.5寸盘）

晚餐盘（8寸盘）

汤盘

碗

茶杯和茶托

茶壶

糖罐

奶罐

马克杯

注：1寸=3.33厘米

晚餐盘

直径约 27 厘米（8 寸）是基准尺寸。入门者可以选择质感轻薄易上手的款式。

甜品盘

直径约 20 厘米（6 寸）。可作为早餐盘、午餐盘，以及分餐盘使用，是非常实用的尺寸。

面包盘

直径约 15 厘米（4.5 寸）的小盘子，在日式餐桌上可以随意使用。选择同款晚餐盘来招待客人是绝对不会失礼的。

汤盘

宽盘口的深盘。宽盘口的盘子比较适合有使用经验的人。对入门者来说，推荐选择没有盘口的骨盘（Coupe plate）。

碗

碗状器皿。大号的可以盛装多人共享的料理，宴会、派对皆可。小号的可以用来分餐。使用方法没有特殊限制，推荐大中小号各备一只，非常方便。

茶杯&茶托

用来喝红茶或咖啡，包括有把手的茶杯和茶托，还有尺寸小一号的小咖啡杯。

茶壶、糖罐、奶罐

用来冲泡红茶的茶具。茶壶分一人用（容量300~500毫升）和多人用（500~1000毫升）。糖罐用来装白糖，奶罐用来装牛奶或奶精。

马克杯

通常容量为200毫升，适合日常使用。建议选择适用于微波炉和洗碗机的材质。

☞ 招待客人推荐"三件套"

三件套就是指茶杯、茶托、甜品盘搭配组合而成的三件套装。家中备有同款式三件套，招待客人时显得典雅而庄重。图中是Herend（赫伦海兰德）的"印度之花"系列。

茶杯带把手的原因

为了更深一步了解，让我们通过对比东西方文化差异来思考器皿造型上的不同。

有纪念意义的书

我父亲收藏有一本书叫《美丽的西洋餐具世界》（讲谈社/1985年出版），我对书里的内容十分感兴趣，央求父亲把书送给了我。我对其中一篇文章的印象最为深刻，那是已故日本工业设计师荣久庵宪司（1929—2015）的专栏文章《西洋器皿，和风器皿》。荣久庵宪司设计了很多经典标识，例如东京都识别标志、日本中央赛马会会标、Ministop的店标等均出自他之手。

红茶杯有把手，日式茶杯无把手的理由

"为什么红茶杯有耳朵（把手），而日式茶杯却没有呢？当我们对比东西方的茶具时，经常会引出这个话题。到底是为什么呢？"——《美丽的西洋餐具世界》。

荣久庵宪司以提问的形式作为文章的开头。最早，日本茶具流传到西方时是将没有把手的茶碗和小碟子配套在一起使用的，称为"Tea bowl"（茶碗）。

为什么要给Tea bowl加上把手，通常的说法是"为了缓解手指的热度"，但是荣久庵先生认为最根本的原因是东西方所使用的器皿存在功能性的差异，这个观点更深层也更广泛。

日式器皿与西式器皿在功能上的区别

吃西餐的时候人们几乎没有手持餐盘的机会，盘子一直放在桌子上，而能够接触餐盘的只有刀叉等餐具。

与之相比，在日本是什么情况呢？日本人吃饭用筷子，但是筷子接触的是食物，并不会直接接触餐具，反而是我们的手和嘴唇等身体部位代替筷子接触餐具。

"日式器皿作为身体的延伸与身体有直接联系。西式陶瓷器皿是通过作为身体延伸的工具去触摸的，与身体保持单方面的距离。所以，在日本人们把餐具当作自己身体的一部分，而在西方是对象化的，鉴赏评价也是客观的。这就是东西方在工具的观念或工具的功能性上所体现出的巨大差异。"——《美丽的西洋餐具世界》。

假设我们以"为了拿起来不烫手"为目的来思考，那么给日式茶杯加个把手并非不可思议的事情。西方人给茶杯加上把手这件事其实再合理不过了，但是在日本，人们却始终没有这样做。

容久庵宪司先生想表达的并不是是否实际触摸器皿，而是要说"借助把手这个工具使用Tea bowl，即器皿"，这是因西方人的工具观念与日本人"器皿与身体直接相连"的工具观念存在差异的缘故。

如果不局限于一个侧面，而是以广阔的视野来审视器皿，就会发现在实用性的框架内，存在着东西方文化和价值观的差异。通过了解这些，我觉得自己享受器皿的方式、体会文化和历史的方式也变得更加宽泛了。

西式陶瓷餐具的设计

西式陶瓷餐具的设计按形状和图案来区分，通过这两种设计的相互组合来决定设计风格。本章就来介绍最具代表性的组合。

①器型（形状）

每个品牌的陶瓷器皿都有各式各样的器型，品牌不同，即使形状相同，产品名称也会有所差异。在这里，我们以意大利著名陶瓷工厂"Ginori 1735"出品的陶瓷器皿的主要形状为例进行详细介绍。三套茶具的器型都具有代表性。

Vecchio shape（维奇奥型）   **Antico shape（古风型）**   **Impro shape（直身造型）**

②纹饰（图案）

下图为维也纳著名陶瓷工厂Augarten（奥格腾）主要使用的纹饰。这里主要介绍以花卉为参照物的纹饰，还有各式各样的其他图案。

Maria Theresia（玛丽娅·特蕾莎）纹饰   **勿忘我纹饰**   **Colorful Chinoiserie（中式花草纹饰）**

③器型相同 纹饰不同

Wedgwood（威基伍德）的陶瓷餐具，
器型是同样的Leigh shape（丽型），因纹饰不同而风格迥异。

Wild strawberry（野草莓）   **Chippendale（奇彭代尔式）**   **Florentine turquoises（佛罗伦萨绿松石）**

④纹饰相同 器型不同

纹饰同为玛丽娅·特蕾莎花纹，器型各异。
相同的纹饰也会因器型不同而给人完全不一样的印象。

Mozart shape（莫扎特型）   **Schubert shape（舒伯特型）**   **Habsburg shape（哈布斯堡型）**

Harlequin set（小丑套杯）
收集不同颜色的乐趣

　　"Harlequin"一词原指小丑，因为小丑的服装通常是具有同一种图案的套装，但在色彩上每套被设计成不同的颜色。"小丑套杯"也是因为和小丑服装一样造型相同但颜色不统一而得名。餐具不只是图案不同、形状不同，不同的颜色也充满收集的乐趣。

西式陶瓷餐具的纹饰

传统的西式陶瓷餐具在纹饰设计上很多都模仿了东方陶瓷，
这些图案包含了吉祥、幸运、辟邪、丰收等寓意。
了解了具有代表性的图案的名称、形状和含义之后，
欣赏西式陶瓷餐具的视野也会一下子豁然开朗。

中国式风格（Chinoiserie）

很少重复一种图案，通常遍布于整个器皿表面

①柿右卫门
指在白底上添加以红色为基调的彩绘，其特征是大量留白。

②芙蓉手
16—17世纪始于景德镇的青花图案。

③金襕手
在彩绘陶瓷器皿上施以金彩的图案。

④柳树纹饰（Willow pattern）
发祥于英国的中国式风格图案。

巴洛克风格 洛可可风格

器皿内外的花纹等装饰

⑤华托纹饰（Watteau）
以身处大自然中嬉戏的恋爱男女为主题的图案。

⑦天使纹饰
基督教文化中出现的，神的使者的图案。

人们经常把天使和爱神（丘比特）混淆，爱神在希腊神话中是掌管爱欲和美的女神维纳斯的儿子，为手持弓箭或佩戴箭筒的形象。

⑥花环纹饰（Garland）
用植物和花草编织而成的绳状装饰。节日庆典中用的festoon（垂花图案）也属于此类。

新古典主义风格 帝政风格 哥特式风格

花纹和图案被施于器皿的边缘处

⑧莨苕纹饰

莨苕是生长在地中海地区的一种草本植物，从古希腊到今天，在欧洲一直作为植物图案被广泛使用。设计大师威廉·莫里斯非常喜欢莨苕，他在自己的作品中加入了很多莨苕纹饰。

⑨棕榈叶纹饰（Palmette）

棕榈叶图案是像张开的手掌般的扇形花纹，是以棕榈叶为原型设计出来的图案。棕榈树在古代美索布达米亚和古埃及被视为圣树。

⑩狮鹫纹饰

狮鹫是狮子和鹫组合而成的虚构生物，是古希腊神话中阿波罗神的神兽，经常作为建筑物和手工艺品等的装饰主题出现。使用狮鹫等怪物和奇异的植物花纹的设计被称为怪诞式艺术风格。

⑪月桂树纹饰

希腊神话中掌管艺术和体育的阿波罗神的圣树。在古希腊，奥林匹克竞技获胜者会被授予月桂冠戴于头上，因此月桂也是代表胜利的符号。拿破仑很喜欢月桂树，所以它在帝政风格中经常出现。

⑫丰饶角纹饰（Cornucopia）

装满鲜花和果物的角杯图案。在古罗马意为献给丰饶之神阿布恩提亚的角。

⑬垂纬纹饰（lambrequin）

法语中有"垂饰"的意思，形容垂挂在窗边或屋顶上的装饰，多用于镶边图案。

图：①⑤Meissen（梅森）/②Delft ware（皇家代尔夫特）/③Royal Crown Derby（皇家皇冠德比）/④Nikko（日光）/⑥⑦Herend（赫伦海兰德）/⑧Vetro Felice /⑨Ginori1735/⑩⑫Wedgewood（威基伍德）/⑪ANCIENNE MANUFACTURE ROYALE DE LIMOGES（利摩日）/⑬Gien（吉恩）

☞ 深入探索

蓝洋葱p35

令王公贵族着迷的日本柿右卫门纹饰

日本柿右卫门纹饰是指在乳白色的生坯上绘制细腻的具有绘画风格的彩绘，是一种极具设计感的有田烧风格。以1660年为界，逐渐发展，到1670年确立了风格。

它的主要特征是被称为"浊手"（也叫乳白手）的乳白色生坯，以及被称为"余白之美"的能够感受到日本美学意境的留白。

以花鸟、花卉、动物、昆虫为题材，多选择具有吉祥之意的主题。此外还有狮子、竹、梅、仙鹤与花草、凤凰与花草、红龙、鹌鹑等出自古代中国典故中的吉祥物。在日本江户时代的绘画作品中也经常能看到这些沿袭的图案。

顺便说一下，关于柿右卫门纹饰和柿右卫门这个名称，最初是基于"酒井田柿右卫门家的作品"这一说法而开始使用的。但是，之后在柿右卫门烧窑以外的其他窑中也出土了绘有柿右卫门纹饰的制品，因此可以断定在有田町附近广域内烧制的器皿均使用了柿右卫门纹饰。也就是说，"酒井田柿右卫门家"并不意味着特指某个个人的作品。

参观欧洲王公贵族的宫殿，会发现其中收藏有很多1670—1690年代的作品，这一时期正是柿右卫门纹饰的全盛期。如果想要收藏这个时期出品的高品质的瓷器，自然得到柿右卫门纹饰的可能性会很高。

柿右卫门纹饰 乳白手彩绘紫垣花
鸟图八角钵（1680—1700）
照片提供：井村美术馆

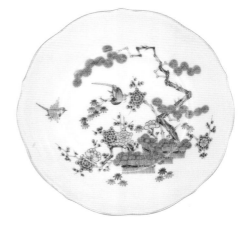

梅森柿右卫门纹饰盘

对图案有了一定的了解之后，在旅途中参观博物馆时会增添更多乐趣。

这些照片全部拍摄于位于德国班贝格的路德维希博物馆（Museum Ludwig）。

为了加深对图案的理解，请阅读第三章《从艺术风格了解西式陶瓷餐具》

1.梅森彩绘师海洛特（Johann Gregor Höroldt）绘制的中国式风格瓷盘。/2.帝政风格瓷盘。纹章在图案中属于等级特别高的（p131）。/3.新古典主义风格茶壶。/4.陶器与瓷器不同，有自己独特的发展轨迹（p118）。

世界绘社的西式陶瓷餐具　从艺术风格了解西式陶瓷餐具　西式陶瓷餐具与世界史　西式陶瓷历史上的重要人物　陶瓷餐具的使用方法

染付、青花、克拉克瓷、蓝与白的青花瓷

对这种令东西方瓷器爱好者都为之着迷的绽放于世界的蓝色器皿，请记住，**染付＝日本，青花＝中国，克拉克瓷、蓝与白＝欧洲**。

在白色的生坯上施以蓝色（钴）彩绘的烧制器皿，在日本称为"染付"。染付不仅是艺术品，作为日常生活器皿，在日本也深受人们喜爱。

染付诞生于14世纪元朝时期的中国，被称为"**青花**"，17世纪初传入日本，并逐渐普及。另外，16世纪初青花瓷器被克拉克船运往欧洲大陆，因此在西方通称其为"**克拉克瓷**"，在古董市场里又称其为"**蓝与白**"。

染付和青花瓷器在日本很受欢迎，且经常举办博览会。染付、青花、克拉克瓷、蓝与白，这些词汇仅从字面上看，我们是无法将其理解为蓝色器皿的。

但是，在博览会等的展品说明和展板上，这些词汇时常以不带注解的形式单独出现。借此机会，请大家记住这四个词都代表"蓝色器皿"*，这样一来，今后再看到这些说明文字时，就能对其有更深一步的理解了。

世界各地对蓝色器皿拥有不同称呼，我们能够感受到这个用蓝色描绘的如童话般的世界跨越了国界，在历史的长河中被人们切切实实地爱着。

※严格来讲，染付不仅限于蓝色一种颜色，还包括中国发明的"斗彩"，以及日本锅岛藩烧窑出品的"锅岛"。锅岛作为献给将军的礼物，用染付绘制轮廓之后施一层透明的釉药进行烧制，之后再在其表面用绿色、黄色和红色等进行彩绘。

左起：白地蓝彩花鸟纹盘（伊朗 Kubachi ware，17—18世纪）。/蓝绘芙蓉手花鸟纹盘（荷兰 代尔夫特窑，17世纪后期）。/青花芙蓉手盘（景德镇窑，明代16—17世纪，中岛武则氏捐赠）。/白地蓝彩芙蓉手盘（伊朗，17—18世纪）。以上皆为日本爱知县陶瓷美术馆藏品。

第二章

世界各地的西式陶瓷餐具

本章中我们按照国家和地区介绍世界各地出产的西式陶瓷餐具。

在国家和地区的分类中，从创业年份较早的品牌开始按顺序排序。

无论哪个品牌，都是了解西式陶瓷历史和多样性的重要组成部分。

文中出现的器皿，有些只能在古董店里淘到，有些因为在本地没有代理经销商，

只能在进口陶瓷店里买到，还望读者谅解。

德国的陶瓷餐具

说起德国的陶瓷器皿，首先不得不提创造出欧洲最早的硬质瓷器的梅森瓷厂（Meissen）。18世纪，以梅森出身的手工艺人为契机，相继诞生了皇家瓷厂、官立瓷厂。

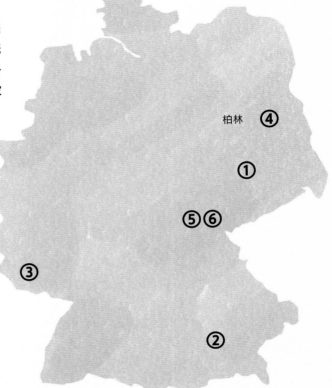

柏林 ④

①

⑤⑥

③

②

特征

· 坚固的白瓷，细腻的纹饰
· 设计受到梅森或赛弗尔瓷器的影响
· 拥有皇家或官立历史的品牌有很多
· 现在依然有很多商品是由该品牌在德国自己的瓷厂生产的。

西洋陶瓷器皿的先锋
①Meissen（梅森）

现存最后的"御庭窑"（皇室家族私有的御用瓷器工坊）
②Nymphenburg（宁芬堡）

德国洛可可风格
④KPM Berlin
（腓特烈大帝Frederick the Great）

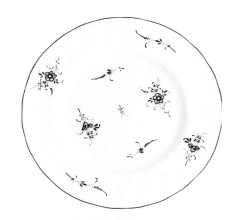

法式风格的德国瓷厂
③Villeroy & Boch（德国唯宝）

德国瓷厂的改革先锋
⑥Rosenthal（卢臣泰）

德国第一间民营瓷器工坊
⑤Hutschenreuther（狮牌）

☞ 深入探索

德国的七大名窑p41
德国陶瓷之路p45
裙撑同盟与七年战争p214
德意志统一p234

图片①梅森"蓝洋葱"。/②宁芬堡"坎伯兰"（Cumberland）©Porzellan Manufaktur Nymphenburg。/③唯宝"经典卢森堡"（Old Luxembourg）。/④KPM Berlin"茜茜公主"（Kurland系列）。/⑤狮牌"ESTELLE"。/⑥卢臣泰"魔笛"（照片提供：Rosen & Co Japan联合公司）

Meissen

梅森

西式陶瓷器皿的先锋

创立
1710年

创立地点
德国/萨克森州

特征
冷白瓷，纯手绘

代表风格
中国式[1]、巴洛克式、洛可可式、现代风格

历史

1707—1708年　炼金术士柏特格成功烧制出红色炻器。

1710年　奥古斯特二世在位于德国梅森的阿尔布莱希特城堡中建造了欧洲第一个皇家制瓷工厂。

1720年　彩绘师约翰·格里奥·海洛特（Johann Gregor Höroldt）加入梅森瓷厂。

1731年　雕刻家约翰·约阿希姆·凯恩德勒（Johann Joachim Kandler）加入梅森瓷厂。

1739年　"蓝洋葱"纹饰诞生。

1756年　七年战争爆发。普鲁士军队占领了梅森瓷厂，瓷厂被迫暂时停止生产。

1918年　更名为国立梅森瓷器制造所。

1950年　更名为VEB（人民所有企业）梅森国立瓷器制造厂。

1991年　100%归萨克森州所有。

品牌标记

通称"蓝剑交锋"，源于奥古斯特二世（萨克森选帝候）的徽章，于1723年被采用。

相关人物

奥古斯特二世（又名"强力王"）

梅森瓷厂创始人。令因战争而疲惫不堪的城市重新复苏的实力派人物。他用自身强大的力量和热情深爱着文化和艺术，是当之无愧的"艺术之父"。

约翰·弗里德里希·柏特格（Johann Friedrich Böttger）

西式陶瓷器皿制造的功臣，他发现了高岭土。后半生被囚禁在城堡中研制制瓷秘方，命运悲惨的炼金术士。

约翰·格里奥·海洛特（Johann Gregor Höroldt）

来自维也纳的天才彩绘师，宫廷画家，绘制中国式风格图案的高手，创作了不计其数的热门作品。

约翰·约阿希姆·凯恩德勒（Johann Joachim Kandler）

天才雕刻师，开创了瓷器雕刻新领域。

代表餐具

蓝洋葱（Blue onion）

梅森瓷器的代表作。从创立初期它就是深受人们喜爱的畅销作品，也是世界各地蓝洋葱图案的鼻祖。

印度之花（Indische blumen）

此系列名称中的"印度"来源于东印度公司，表示印度地区。

波浪浮雕

仿照涟漪创作的现代作品。推荐给喜欢时髦设计的人。

彩绘天鹅（Swan service）

令人联想到巴洛克风格的浮雕装饰系列。作为世界三大"Dinner Service"[2]（成套餐具）之一而闻名。

经典花卉（Basic flower）

宛如油画般质感细腻的彩绘。不仅是瓷器，也经常被彩陶等陶器模仿。

柏特格炻器

1707年，柏特格在瓷器烧制实验中烧制出了红色炻器。20世纪初被成功复制，并注册了商标。

---

*1：梅森瓷器把参照中国风格样式绘制的图案称为"中国式风格"，把以印度风格的动植物为主题绘制的图案称为"印度纹饰"，以示区别。

*2："Dinner service"直译为成套餐具，是指晚宴用餐具。世界三大晚宴餐具品牌分别是梅森的"彩绘天鹅"（Swan service）、威基伍德的"俄皇之蛙"（The frog service）、皇家哥本哈根的"丹麦之花"（Flora danica）。

充满跃动感的浮雕雕刻是巴洛克风格瓷器的特征

蓝洋葱系列

彩绘天鹅系列

印度之花系列

经典花卉系列

波浪浮雕

柏特格炻器

陶瓷器Ⅱ的考研知识

世界各地的西式陶瓷餐具

从艺术风格了解西式陶瓷餐具

西式陶瓷餐具与世界史

西式陶瓷历史上的重要人物

陶瓷餐具的使用方法

其他瓷窑无法企及的严谨性和显色之美

梅森瓷器的历史特征——**欧洲第一个成功制造出硬质瓷器**的品牌。

1709年，向往东方瓷器的"强力王"奥古斯特二世，让炼金术士柏特格用他发现的制造瓷器的关键原料高岭土，经过反复试验终于成功烧制出瓷器。第二年，为了确保制瓷秘方不被泄露，奥古斯特二世将工作室转移到位于易北河沿岸高地上的阿尔布莱希特城堡中，这也是梅森瓷厂的诞生故事。

1720年，来自维也纳瓷器作坊的天才彩绘师海洛特转投梅森，擅长使用多种色彩技术的他，让梅森在瓷器彩绘技术上有了飞跃性地提高。海洛特尤其擅长模仿中国瓷器，他将东西方文化融合在一起，创造出了独特的中国式风格（p136），令欧洲的王公贵族为之倾倒。

1731年，宫廷雕刻师凯恩德勒也加入了梅森，两年后他成为首席造型设计师。凯恩德勒在大型雕塑和天鹅彩绘等不同类型的造型作品中都留下了极其出色的业绩。特别是在那个**一说起雕刻只能想到石头和金属的时代，他开创了"瓷器雕刻"的新领域**，这无疑是凯恩德勒最大的功绩。

对这一功绩，与凯恩德勒一直水火不容的海洛特就像为了故意显示自己的才能一般，给凯恩德勒的雕刻瓷器施以彩绘。虽然这种行为被认为是故意找茬，但在雕刻=单色的时代，色彩鲜艳的小型雕像（figurine）这一新产品令大众耳目一新，这种彩色瓷雕像（通常称为瓷偶）瞬间风靡欧洲，从此确立了**小型雕像=彩色装饰**的标准。

就这样，梅森确立了瓷器制造必备的三要素：①生坯（柏特格）②彩绘（海洛特）③造型（凯恩德勒）。成为18世纪前期引领西方陶瓷业界独一无二的存在。

到了18世纪中期，受七年战争的影响，梅森瓷器逐渐走向颓势。这期间，法国的塞弗尔瓷厂展现出惊人的成长速度，精美的塞弗尔彩绘充分反映出华丽的法国宫廷文化，这种文化席卷了整个欧洲，赛弗尔瓷器由此取代梅森成为业界的领军品牌。

直到现代，梅森以超越流行的形式，创作出具有梅森特色的中国式风格、洛可可风格的作品，更在第二次世界大战后致力于现代设计，开发出"波浪浮雕"等具有现代风格的作品。

即使到现在，梅森瓷器依旧保持全部手工绘制，其严谨性和色泽之美、摆件的表现力之丰富、其他瓷厂无法企及的完成度，都是它引以为傲的地方。梅森瓷器从创立至今已经延续了300多年，至今依然具备"西式陶瓷餐具绝对王者"的威严，这正是梅森瓷器最大的魅力所在。

"猴子乐队"的雕塑原型来自凯恩德勒的创作，被评价为梅森瓷偶中的杰作。

享誉世界的蓝洋葱纹饰

由梅森首创的图案，此后被世界各地的瓷厂模仿，它就是著名的"蓝洋葱"，是只用蓝色这一种颜色绘制的青花瓷，但什么要选择洋葱这个元素呢？

洋葱花纹原本是以中国瓷器作为范本的，当时在瓷器上绘制的是传统的石榴纹饰。1739年，梅森在最初的设计中忠实再现了石榴纹饰，随着时代的变迁，对欧洲人来说本就陌生的石榴纹饰在绘制过程中慢慢地演变成外形与之相似的洋葱。

人们误以为那是洋葱，于是乎，其他瓷厂在模仿时也把它当作洋葱绘制，可以说"蓝洋葱"已经不再是梅森设计的标志，而是像柿右卫门纹饰一样，已成为一个单独的图案，并扬名在外。

但是，无论有多少家瓷厂绘制蓝洋葱，它的鼻祖只有一个，那就是梅森。像是为了昭示这一点，从1885年开始，梅森将它的品牌标识"蓝剑交锋"绘制在瓷器的图案中。

梅森的"蓝洋葱"

日本的"蓝洋葱"

日本也有自己的"蓝洋葱"图案，图片中是"蓝色多瑙河"（Blue Danube）系列。

Hutschenreuther（狮牌）

狮牌与梅森一样都是德国品牌，狮牌的蓝洋葱图案是1926年由梅森正式授权转让的（左下图）。右下图：图中左边的是狮牌，右边的是梅森。

狮牌

梅森

NYMPHENBURG

Nymphenburg
宁芬堡

现存最后的"御庭窑"（皇室家族私有的御用瓷器工坊）

创立
1747年

创立地点
德国慕尼黑近郊Neudeck，现今巴伐利亚州宁芬堡

品牌名称由来
创立地点

特征
至今依旧严格遵循皇家官窑传统制作工艺流程的硬质瓷器。洛可可风格的各式瓷偶。

代表风格
洛可可风格

历史

1747年	在德国巴伐利亚州慕尼黑近郊的宁芬堡创立。
1754年	宁芬堡瓷厂第一次成功烧制出硬质瓷器。制模师弗朗兹·安东·布斯特利（Franz Anton Bustelli）来到宁芬堡。
1760年	"Commedia dell'Arte"（即兴戏剧）系列瓷偶问世。
1761年	马克西米利安三世·约瑟夫将瓷厂搬到宫殿中。
1765年	Cumberland（坎伯兰）系列问世。
1993年	前日本天皇与皇后到访。
2011年	由巴伐利亚州的普鲁士王子继承。

品牌标记
标识中所使用的菱形图案，是维特尔斯巴赫家族（Haus Wittelsbach）的家族纹章中心部分的图案。在马克西米利安三世·约瑟夫的命令下，于1754年开始所有的作品都使用这个菱形图案。标识本身虽然经历过多次变更，但菱形图案一直沿用至今。

相关人物

马克西米利安三世·约瑟夫
统治巴伐利亚地区的维特尔斯巴赫家族（Haus Wittelsbach）的选帝侯。妻子玛利亚·安娜·索菲亚是他的堂妹，也是梅森创始者奥古斯特二世的孙女。

代表餐具

© Porzellan Manufaktur Nymphenburg

Cumberland（坎伯兰）
1765年问世的代表系列，专为马克西米利安三世设计的瓷器组合，因为复刻了1913年坎伯兰伯爵的儿子在婚礼上使用的瓷器组合而得名。这套餐具堪称"世界上最复杂的瓷器花卉工艺"，绘制一只盘子通常需要三周时间。

隐含品味的基础知识

世界各地的西式陶瓷餐具

从艺术风格了解西式陶瓷餐具

西式陶瓷餐具与世界史

西式陶瓷历史上的重要人物

陶瓷餐具的使用方法

热爱瓷器的国王在宫殿里建造的瓷窑

德国巴伐利亚州首府慕尼黑市区向西4~5公里，有一座巴伐利亚皇家城堡宁芬堡，意为住着名为宁芬的精灵的城堡。马克西米利安三世·约瑟夫将宁芬堡瓷器工坊搬到了这座宫殿中。

在古代日本，建在将军家的广阔私有领地中，做私人用途的瓷器工坊被称为"御庭窑"。**宁芬堡就是世界上现存的御庭窑。**

马克西米利安三世·约瑟夫既是瓷厂创始人又是瓷器爱好者，1747年，他在慕尼黑近郊的Neudeck创立了工作室——库尔福瑞斯瓷器工坊。在那里，一位名叫弗朗兹·奈德梅尔（Franz Niedermaye）的窑炉工凭借一己之力研究出了制瓷方法，但还是以失败告终，之后由巴伐利亚州政府接管工作室的运营，成为皇家瓷厂。

1753年，在约瑟夫·林格勒（Joseph Ringler）加入工作室的第二年，终于成功烧制出人们期盼已久的瓷器，瓷器制造也从此步入正轨。1761年，马克西米利安三世将瓷厂迁入宫殿中。

顺便一提，**林格勒是游走于维也纳瓷窑和德国Höchst瓷窑之间的陶工**。像亨格

（Christoph Konrad Hunger）一样，将梅森的制瓷秘方推广到德国全境，他是关键人物。在宁芬堡成功烧制出硬质瓷器后，他在路德维希堡（Ludwigsburg）等其他地区也开始传授这一"秘宝"。

1754年，制模师弗朗兹·安东·布斯特利加入宁芬堡，他是与梅森的凯恩德勒齐名的制模师，作为瓷器雕刻的指导者活跃在制瓷界，他在宁芬堡瓷厂创作了众多洛可可风格的雕像。布斯利特于1763年去世，虽然他在宁芬堡只有短短九年时间，**却留下了超过100件精美绝伦的洛可可风格的瓷雕。**

在漫长的历史中，宁芬堡瓷厂曾经有过被第三方经营管理的时期，如今它又重新回到拥有创立者维特尔斯巴赫家族血统的后裔、普鲁士王子手中。并且，至今仍然保留着以水车为动力，坚持手工制作的传统。

☞ **深入了解**

洛可可风格 p140
裙撑同盟与七年战争 p214

Q&A　　像小丑一样的人偶和戴着面具的人偶

这些都是"即兴戏剧"（Commedia dell'Arte）系列中的登场人物，在《没有画的图画书》一书中也出现过。很多陶瓷摆件的模仿对象都以它为主题，所以这是必备知识点之一。

"即兴戏剧"指的是16—18世纪在欧洲流行的源自意大利的戴面具艺人的即兴表演。像装腔作势的骗子阿莱基诺（Arlecchino）、能说会道又性感十足的姑娘科隆比娜（Colombina），都是即兴戏剧中的角色设定。就像日本吉本新喜剧一样，是以有趣的故事为开端，然后在出其不意

的地方加入即兴表演或时事段子等引人发笑的戏剧类型。宁芬堡的布斯特利也发表了他的"即兴戏剧"，并成为他的代表作。图中是扮成搞笑的阿莱基诺（Arlecchino）的梅泽丁（Mezzettino）。阿莱基诺在法国被称为"Arlequin"，在英国被称为"Harlequin"，据说他就是后来马戏团里小丑的原型。

Villeroy & Boch

德国唯宝

法式风格的德国瓷厂

📖 **创立**
1748年

📖 **创始人**
弗朗索瓦·宝赫（Francois Boch）

📖 **品牌名称由来**
创立者的名字

📖 **创立地点**
法国（当时的格林公国Duché de Lorraine，现在的德国梅德拉赫Mettlach）

📖 **特征**
餐具的实用性很高

📖 **代表风格**
现代风格、法国风格

📖 **历史**

1748年 弗朗索瓦·宝赫（Francois Boch）和他的儿子开始在格林公国制造陶瓷器皿。

1767年 在当时隶属于奥地利的卢森堡市郊外开设新的陶瓷工厂。
哈布斯堡王朝（House of Habsburg）女王玛丽娅·特蕾莎准许其为"皇家御用"并冠以王室徽章。

1791年 尼古拉斯·唯勒瓦（Nicolas Villeroy）在德国的瓦勒方根（Wallerfangen）设立陶瓷工厂。

1809年 宝赫家族在德国的梅德拉赫开设陶瓷工厂（现今集团总部）。

1836年 宝赫家族与唯勒瓦家族将各自旗下的工厂合并，创立了现今的德国唯宝。

相关人物

弗朗索瓦·宝赫（Francois Boch）
品牌创始人之一。铁匠出身，曾拥有"皇家炮手"的头衔。

尼古拉斯·唯勒瓦（Nicolas Villeroy）
品牌另一位创始人。当时已经是很成功的商人。

代表餐具

French garden（法式花园）系列
这个系列的灵感来源于法国凡尔赛宫的皇家菜园。黄色与绿色的浅色调搭配令人印象深刻。

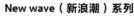

New wave（新浪潮）系列
于2001年推出的，以"简约现代"为主题的人气系列。关注都市生活，为其增姿添彩的设计。

图片：日本埃森株式会社

陶瓷器皿的基础知识

世界名地的西式陈设餐具

从艺术风格了解西式陶瓷餐具

西式陶瓷餐具与世界史

西式陶瓷历史上的重要人物

陶瓷餐具的使用方法

公私都成为伙伴的宝赫家族与唯勒瓦家族

18世纪创立于欧洲大陆的著名瓷厂，全部以纯手工绘制的高级瓷器为主流。在那个时代，**德国唯宝（Villeroy & Boch）有着与欧洲大陆其他瓷厂不同的发展经历。**

德国唯宝是**欧洲大陆第一个将着眼点放在量产化和实用性方面的骨瓷制造商**，比起装饰性他们更重视产品的实用性。唯宝的陶瓷制造方法更偏向英国流派，其理由是因为宝赫家族的创立地在格林公国，当时虽然隶属于法国但实际上它是一个自治国家，是一个王权较为弱化的地区。

在期待国王提供资金援助无望的情境下，创始人弗朗索瓦·宝赫萌生了"制造大众价格的高品质瓷器"的想法，开始生产价格让百姓也能接受的餐桌瓷器。由于瓷厂所在地历史上曾属于法国领土，所以虽是德国瓷厂，却**有很多法国陶器和普罗旺斯风格的设计特征。**

现在的品牌名称来源于创始人宝赫家族和唯勒瓦家族。接下来，我们就来介绍一下品牌的创立和发展与这两个家族的渊源。

宝赫家族选择的创立地在格林公国，弗朗茨一世为了让周边诸国承认他与玛丽娅·特蕾莎（Maria Theresia）公主的婚姻而放弃了故乡的领地。1737年，作为认同两人婚姻的代价，格林公国成了法国的一部分，由前波兰国王（法国国王路易十五的岳父）统治。但是，由于他的势力很弱，所以如前文所示，格林公国实际意义上是一个自治国家，在前波兰国王去世后，格林公国成为法国的领土，所有自治权都不再被认同。因此，1767年，宝赫家族的三个儿子在当时隶属奥地利的卢森堡郊外开设了新的陶瓷工厂，宝赫家族从此在奥地利皇后玛丽娅·特蕾莎的庇护下规模逐渐壮大，最终获得皇家授予的徽章，成为"皇家御用"瓷器。

现在世界各地的卢森堡大使馆中都使用Old Luxembourg（经典卢森堡）系列餐具。以前大家可能会奇怪为什么卢森堡大使馆会使用德国品牌的餐具，了解了相关历史之后便理解了。

唯宝的另一位创始人是法国人尼古拉斯·唯勒瓦，他于1791年在德国萨尔河沿岸的小镇创建了自己的陶瓷工厂。

之后，宝赫家族买下了唯勒瓦陶瓷工厂附近的修道院，并改造成了新的陶瓷工厂。如今德国唯宝依然以此地作为集团总部，两家工厂距离很近，车程不到30分钟。宝赫家族和唯勒瓦家族为了在竞争激烈的欧洲陶瓷市场确立稳固的地位，于1836年将各自的工厂合并，从此诞生了"Villeroy & Boch"。1842年，两位创始人的孙子孙女联姻，两个家族从公到私都成了合作伙伴，他们结合各自擅长的领域，将市场不断扩大。

Old Luxembourg（经典卢森堡）系列

历史最悠久的系列。原型来自宝赫家族在卢森堡工厂时期制作的Brindille（小蓝枝），是散发着法式风格的优雅器皿。

☞ **深入探索**

Ginori 1735 p250
法国彩釉陶器 p119

KPM Berlin

KPM柏林

被腓特烈大帝（Frederick the Great）热爱的德国洛可可风格

创立
1763年

创立地点
德国柏林

品牌名称由来
创立地点

特征
正统派洛可可风格，如油画般细腻的写实彩绘

代表风格
洛可可风格、新古典风格、现代风格

历史
1751年　在普鲁士腓特烈大帝的支援下，在柏林创立瓷器制造工坊
1756—1762年　七年战争中普鲁士军队将梅森的工匠带到柏林
1763年　腓特烈大帝买下工坊，成为皇家制瓷厂（KPM Berlin诞生）
1988年　成为KPM皇家瓷器制瓷厂有限公司

品牌标记
KPM Berlin 的全称是 Königliche Porzellan-Manufaktur Berlin，意思是皇家制瓷厂。KPM Berlin 在日本也被译为"柏林皇家瓷器制造所"，但是现在已经不是皇家，而是民营化了。品牌 logo 中的图案是笏（像拐杖一样的东西），那是腓特烈大帝登基前使用的纹章。

相关人物

腓特烈二世（腓特烈大帝）
KPM Berlin的创始人，使新兴国普鲁士成为欧洲强国的厉害人物。他一方面进行内政改革，富国强兵，另一方面又热爱艺术且造诣极深。他也是一位深深迷恋洛可可风格的国王。

代表餐具

KURLAND00

KURLAND41

KPM Berlin以"形状名称 + 彩绘号码"来为产品命名。"形状名称 + 00"指的是某个形状的白瓷，彩绘越复杂后面的数字越大。比如"KURLAND00"是白瓷（未施彩绘的状态），"KURLAND41"是指边缘处绘有墨绿色带金色线条，中间绘有美丽花束的样式。

图片说明
"KURLAND" 1790 年设计的具有代表性的造型，它的特点在是简约的边框中加入珍珠和蝴蝶结垂挂装饰的浮雕。1870 年，因为 Kurland 公爵委托制造从而更名为"KURLAND"，一直沿用至今。

陶瓷器皿的基础知识

世界各地的西式陶瓷餐具

从艺术风格了解西式陶瓷餐具

西式陶瓷餐具与世界史

西式陶瓷历史上的重要人物

陶瓷餐具的使用方法

洋溢着腓特烈大帝热情的皇家瓷厂

KPM Berlin诞生于1763年，它是在被誉为"德国历史上最著名的君主"腓特烈大帝的亲自指挥下运营的皇家瓷厂，这也是它的与众不同之处。

1756年爆发，历时七年的战争给梅森带来了巨大损失，战争导致梅森瓷厂被普鲁士军队所占领，混乱中陶艺工匠们不得不背井离乡流散各地。**在战争中，普鲁士军队把梅森的陶艺工匠们带到了柏林。**

早在1751年，柏林就有了第一座瓷窑。因为梅森的陶艺工匠制瓷技艺突飞猛进，但还是经历了两次破产。1763年，瓷厂被腓特烈大帝买下，成为皇家瓷厂，这就是KPM的由来。

18世纪中叶，欧洲大陆诞生了多个皇家瓷厂，但**唯有KPM Berlin是在腓特烈大帝的亲自管理下运营的**，这是其他瓷厂无法与之相比的。君主出资建窑，成为最大订单客户（忠实顾客）这些早已不在话下，就连工匠的职位、报酬等也都由君主亲自指导监管。

他在艺术上的造诣极深，还亲自参与了餐具设计。

在腓特烈大帝的支持下，瓷厂创造出的财富为普鲁士国王在七年战争结束后重建王国、充沛国力等方面都发挥了巨大的作用。

腓特烈大帝在音乐和艺术领域也有很高的造诣，他因对洛可可风格的痴迷而闻名。为此，**KPM Berlin的餐具在造型装饰上也十分精美，即使与同为德国皇家瓷窑的梅森相比也成绩斐然。**

KPM Berlin忠实地坚守着历史和传统，现在依然有不少设计让人感受到洛可可风格的繁复和细美气质。

📖 **深入探索**

洛可可风格p140
裙撑同盟与七年战争p214

品牌	**德国的七大名窑**

在欧洲，最早烧制出瓷器的德国有七座瓷厂，它们被称为"德国七大名窑"，分别是**Meissen、Höchster、Porzellan-Manufaktur Nymphenburg、Fürstenberg、Frankenthal、Ludwigsburg、KPM Berlin。**它们都是历史悠久且非常有魅力的工坊。

例如Höchster创立于1746年，是德国历史上第二悠久的瓷窑。Fürstenberg的创始人是卡尔一世，他是在丹麦品牌皇家哥本哈根创立期间做出巨大贡献的朱利安·玛莉皇太后的亲哥哥。在这里我们就忍痛割爱，不一一加以说明了。如果读者们对德国陶瓷感兴趣，不妨在阅读完本书后自行查找书中没有提到的其他瓷窑。

Hutschenreuther

狮牌

德国第一间民营瓷器工坊

☞ 创立
1814年

☞ 创始人
卡乐马逸·贺振罗德
（Hutschenreu-Ther）

☞ 品牌名称由来
创始人的名字

☞ 创立地点
德国/巴伐利亚州霍恩贝格
（Hohenberg），现在在泽尔布
（Selb）

☞ 特征
适用于微波炉、洗碗机的瓷器，
极具实用性

☞ 代表风格
洛可可风格、现代风格

☞ 历史
1814年　在巴伐利亚州的霍恩贝格创立
1822年　开始制造瓷器。是德国第一家被认可的民营瓷器工坊
1857年　在巴伐利亚州的泽尔布（Selb）开设新工厂
1969年　将霍恩贝格的工厂并入泽尔布
2000年　被Rosenthal（卢臣泰）收购

代表餐具

Germany Estelle
设计于 19 世纪的复古形状系列。清凉的蓝色
搭配小花图案十分可爱。

向国王许诺的高品质民间瓷器诞生

狮牌创立于1814年，那是创始人卡乐马逸·贺振罗德（Hutschenreu-Ther）在霍恩贝格开设工坊的那一年。但是，直到1822年，他的工坊才开始正式生产瓷器。中间整整8年，因为**政府担心他的工坊会与同在巴伐利亚王国创立的皇家瓷厂宁芬堡竞争，所以迟迟不愿颁发制造瓷器的许可证。**当时，瓷器制造与国力息息相关，不仅是宁芬堡、赛弗尔瓷厂、维也纳瓷厂等其他皇家瓷厂在创立时期也都是垄断性地制造瓷器。

但是，卡乐马逸·贺振罗德并没有放弃，他花了8年时间，终于说服了巴伐利亚国王马克西米利安一世·约瑟夫（Maximilian I Joseph），以"制造最优质

的产品"为条件，被授予了现在依旧作为品牌标记使用的象征巴伐利亚州的狮子标志。**1822年，成为德国第一家获得政府认可的民营瓷器工坊。**

在民间瓷器制造难若登天的时代，卡乐马逸·贺振罗德克服了重重困难，他对瓷器的热情被他的两个儿子劳伦斯（Lorenz）和克里斯汀继承下来。

1857年，劳伦斯在霍恩贝格之外的泽尔布创立了新工厂。这两间狮牌的工厂各自独立发展，到1969年合并。2000年，狮牌被Rosenthal（卢臣泰）收购，直到现在。

Rosenthal

卢臣泰

德国瓷厂的改革先锋

创立
1879年

创始人
菲利普·卢臣泰（Philipp Rosenthal）

品牌名称由来
创始人的名字

创立地点
德国/巴伐利亚州泽尔布（Selb）

特征
北欧风格的设计，与艺术家联名出品

代表风格
现代风格、斯堪的纳维亚设计（Scandinavian Design）

历史
1879年 作为瓷器彩绘工厂创立
1891年 开始制造瓷器
1961年 卢臣泰的儿子小菲利普·卢臣泰发表了Studio-line（魔笛）系列
2000年 收购狮牌

代表餐具

"Studio-line"创意系列中的"魔笛"

与具有代表性的艺术家、设计师联合出品的系列。发表于1968年，灵感来源于莫扎特著名歌剧作品《魔笛》，是将魔幻世界展现在瓷器上的系列作品。（照片由rosenthal.co Japan 联合公司提供）

不断提供崭新创意的瓷厂

卢臣泰创立于1879年，与本书中介绍的其他德国瓷厂相比，是比较年轻的瓷器工厂。从菲利浦·卢臣泰在泽尔布市郊外的埃克斯罗伊特城堡（Erkersreuth Castle）创办瓷器彩绘工厂起，它的历史正式开启。

说起德国的瓷窑，每一个或多或少都受到了梅森的影响，"深受王公贵族喜爱"这一经历成了一种社会地位的象征。与之相对，卢臣泰擅长的是**北欧斯堪的纳维亚设计风格，它的作品大多是与代表时代的著名艺术家合作的**，这一点非常与众不同。1958年，家族第二代传人小菲利浦·卢臣泰继承了公司，他确立了"符合时代风格，适应不同时代才能保持真正的价值"的经营理念，

不模仿过去的作品，而是致力于创作具有独创性的作品。

他的理念在1961年发表的创意系列"Studio-line"中得到体现。在此系列中，众多赞同小飞利浦·卢臣泰设计理念的，代表时代的艺术家、设计师与他合作，联名作品接连涌现，更诞生了"魔笛"等具有代表性的杰作。

身在德国却着眼于北欧设计，时刻保持时代敏锐度，提供崭新创意，在潮流中不断脱颖而出，这就是卢臣泰的品牌态度，这在其他历史悠久的瓷窑中很难看到，这一点从如今它外观时尚、色彩缤纷的总公司大楼就能感受到。

右下图：狮牌"Estelle"系列。左上图：19世纪设计的"Baronesse shape"系列，营造出优雅而古典的氛围。

卢臣泰与奢侈品牌范思哲（Versace）联手打造的合作产品。左上图描绘的是美杜莎，右下图是拜占庭风格彩绘。

👉 深入探索

德国"陶瓷之路"与小镇推荐

德国巴伐利亚州东北部地区是陶瓷的一大产地，德国陶瓷器皿80%的产量都出自这里。以班贝格（Bamberg）为起点按顺时针顺序到拜罗伊特（Bayreuth），全长55公里的路线，被称为"陶瓷之路"，它将40个陶瓷产地连接在一起。

在这条线路中还包括卢臣泰、狮牌等陶瓷品牌的根据地泽尔布，除了可以到工厂参观、体验陶瓷彩绘，还可以在直营店购买喜欢的餐具。

我在2019年去过一次，亲自走过一趟之后才发现，那里除了与陶瓷器皿相关的博物馆和工坊以外，还有世界文化遗产小镇，以及与英国维多利亚女王、哈布斯堡王朝相关的小镇等。虽然不是如童话般的充满浪漫风情的华丽街道，但如果你带着目的去探访，就会发现这是一条非常有趣的线路。

在此介绍我探访过的三个特别推荐的小镇。

①班贝格（Bamberg）——被列入世界文化遗产的中世纪小城

班贝格被称为"巴伐利亚的珍珠"，是少有的依旧保留着中世纪街道的城市，1993年列入世界文化遗产。神圣罗马帝国皇帝亨利二世（Henry II, kaiser）于1004年在班贝格建立了天主教主教座堂，使这里成为天主教总教区的驻地（以天主教为中心，在宗教和经济上占有重要地位的城市），所以，班贝格是一座宗教色彩很浓的城市，城中有不少与天主教有关的建筑。

1.贯穿市中心的雷格尼茨河。河岸的右边是普通市民的居住区域，河岸的左边是神职人员的居住区域。/ 2.班贝格的老市政厅。曾经以河为界，分成居民区和主教区，老市政厅正好建在桥的中间。/ 3.老市政厅的外墙壁上满是浮雕绘画，现在是以展出梅森瓷器为主的陶瓷博物馆（路德维希陶瓷博物馆）。/ 4.柏特格炻器。1710年诞生于梅森的作品。/ 5.1710年梅森出品的花瓶，模仿漆器。/ 6.绘有柿右卫门纹饰的梅森瓷器。瓷器下方能看到梅森的"蓝剑交锋"标记。

图4~6摄于路德维希陶瓷博物馆

②科堡（Coburg）—— 维多利亚女王的丈夫阿尔伯特公爵的出生地

科堡位于德国巴伐利亚州北部的弗兰肯地区，是维多利亚女王的丈夫阿尔伯特公爵的出生地。同时，它拥有德国第二大城堡科堡城堡，马丁·路德曾经在城堡中避难半年之久，所以这里也是和宗教改革很有渊源的地方。城堡内已经改建成博物馆，馆内随处可见与马丁·路德有关的作品，以及和马丁·路德关系密切的画家老卢卡斯·克拉纳赫（Lucas Cranach der Aeltere）的作品。对喜欢历史和维多利亚女王的人们来说，这里是不可错过的地方。

1.科堡中央广场上的阿尔伯特公爵铜像（拍摄于2019年）。阿尔伯特公爵去世后，维多利亚女王亲自将铜像捐赠给科堡。/ 2.历代科堡公爵居住的名誉宫（Schloss Ehrenburg）。阿尔伯特公爵的故居。1690年改建成巴洛克风格，19世纪又建造了哥特风格的外观，沿用至今。故居内还有维多利亚女王当公主时住过的房间和卧室。/ 3.德国第二大城堡。有人说"不到科堡城堡就不能说自己来过德国"，它是德国屈指可数的坚固城堡之一。现在是博物馆。/ 4.绘有马丁·路德画像的茶杯。/ 5.城堡内展出的一部分老卢卡斯·克拉纳赫的作品。/ 6.彩陶藏品/ 7.德国陶瓷之路上的小镇克洛伊森制造的啤酒杯。用搪瓷装饰的有华丽花纹的啤酒杯和装饰罐子曾经很受贵族和市民阶级的欢迎。

图4~7摄于科堡城堡

③泽尔布（Selb）—— 德国陶瓷之路的主角

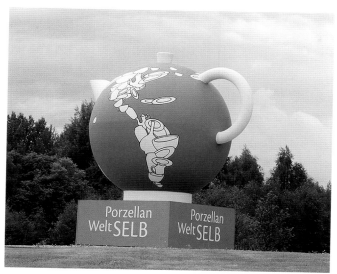

泽尔布市与捷克接壤，现在也是卢臣泰、狮牌和德国唯宝（总公司在梅德拉赫）的根据地。这里有全欧洲最大的瓷器博物馆"Porzellanikon瓷器博物馆"，将展示陶瓷历史和可以观看现场制作的欧洲陶瓷器产业博物馆、卢臣泰博物馆、陶瓷技术博物馆等齐聚同一屋檐下，是环游陶瓷之路时必到的一站。

1.瓷器博物馆的综合设施"Porzellanikon"入口。/2.Porzellanikon设施内，展示制作陶器时使用的工具和机器。/3.展示卢臣泰瓷器的制造方法。/4.展示梅森、赫伦海兰德等瓷厂的制造过程（照片中右边是海兰德的"锡兰红"系列）。/5.可以一览卢臣泰历史的展厅。/6.泽尔布市中心，位于马丁·路德广场的"陶瓷之泉"，由超过45000片陶片制成。/7.奥托·皮纳（Otto Piene）设计的卢臣泰集团总部大楼，给人留下深刻印象，大楼内设有折扣店。

（图1~7摄于2019年）

法国的陶瓷餐具

法国陶瓷餐具是与宫廷文化一起发展
起来的。以国立瓷厂赛弗尔为代表，
现在依旧能看到很多法国生产的洛可
可风格、帝政风格的陶瓷餐具。

①
赛弗尔

⑤

② ③ ④

特征

· 法国宫廷文化催生出的洛
  可可风格、路易十六风格
· 花样纹饰很多
· 瓷质轻薄。特别是利摩日
  出品的白瓷，质地非常薄
· 茶杯把手纤细且高雅
· 很多瓷厂都受到赛弗尔瓷
  器的影响

至今仍为国宾而制的梦幻之瓷
①Sèvres（赛弗尔）

可以找到赛弗尔风格的设计

②Ancienne Manufacture Royale de Limoges（皇家利摩日）

拿破仑三世御用瓷器

③Bernardaud（柏图）

在美国大获成功的利摩日瓷厂

④Haviland（哈维兰）

质朴而高雅的彩瓷

⑤Gien（吉恩）

👉 **深入探索**

赛弗尔与利摩日的关系p55
彩釉陶器p119
洛可可风格p140
路易十六风格p146
新古典主义风格p150
帝政风格p158

法国大革命和英国资产阶级革命p218
巴黎大改造p228
伯纳德·贝利希（Bernard Palissy）p246
玛丽·安托瓦内特（Marie Antoinette）p252

---

①赛弗尔"Fat-blue"（帝王蓝）"Cloud-blue"（云朵蓝）系列（照片由株式会社Sohbi提供）。／②皇家利摩日"玛丽·安托瓦内特"系列。／③柏图"马克·夏加尔"系列。／④哈维兰"LOUVECIENNES"（路西维安）系列。／⑤吉恩"MilleFleurs"（万紫千红）系列。

Sèvres

赛弗尔

至今仍为国宾而制的梦幻之瓷

创立
1740年

创立地点
法国/巴黎西部近郊法兰西岛大区
上塞纳省（Île-de-France Hauts-
de-Seine）

特征
艺术性极高的严谨设计，细腻华
丽的金彩

代表风格
洛可可风格、帝政风格

历史
1740年　赛弗尔的前身——文森（Vincennes）瓷厂创立
1756—1763年　法国参与七年战争
1756年　文森瓷厂迁移到赛弗尔（Vincenne · Sèvres瓷厂时期）
1759年　成立法国国立赛弗尔瓷器制造所
1789年　法国大革命爆发，瓷厂暂停生产
1804年　拿破仑即位。成为皇家官窑
1870年　随着第三共和国的成立被国有化
2012年　国立赛弗尔瓷器制造所、国立赛弗尔陶瓷美术馆、AdrienDubouch
　　　　国立陶瓷美术馆三者合并，成为"赛弗尔 · 利摩日瓷器城"

相关人物

蓬帕杜夫人
法国国王路易十五的王室情妇，
兼具美貌与艺术才华，以机智的
口才征服了众人，活跃于法国社
交界，致力于创建赛弗尔瓷厂。

代表餐具

丰富的色彩
高格调的深蓝色"帝王蓝"（Fat-blue），呈云朵状虚幻神秘的"云
朵蓝"（Cloud-blue），蓬帕杜夫人钟爱的"蓬帕杜玫瑰红"（Rose
Pompadour），都是赛弗尔的代表色。图片左起：Fat-blue、Cloud-blue

华丽的金彩
金彩即用金粉或金色转印纸进
行彩绘。这种用金彩进行细腻
装饰的方法，引领了18世纪
后半叶西式陶瓷餐具的设计潮
流。

从王室御用到皇家瓷厂，再到国立制陶所

赛弗尔现在也是国立瓷厂，因为是代表国家的瓷厂，所以赛弗尔制造的瓷器具有极高的艺术性和缜密的设计。据说别的瓷厂用机器生产500只盘子的时间，赛弗尔只生产1只盘子，因此赛弗尔瓷器的产量非常低，而且大部分都供给法国政府和国宾使用。物以稀为贵，其价格并非大众购买收藏之物，但**作为了解西式陶瓷历史中的一环却是非常重要的存在**。

赛弗尔于1759年成为皇家瓷厂，在蓬帕杜夫人的支持下令洛可可风格大放异彩。1759年正是七年战争爆发的那一年，因为法国也参与了战争，导致战争经费不断增加，即便如此，蓬帕杜夫人也没有停止对赛弗尔的援助。因为受到了一位大权独揽的女人的喜爱，赛弗尔的名字在欧洲陶瓷历史上留下了光辉的烙印。

让我们进一步深入了解赛弗尔的历史吧。法国也和其他欧洲国家一样，向瓷器制造发起了挑战，但是，由于没有发现高岭土，所以他们最初开发出的是软质瓷。1740年左右，在宫廷财务官的赞助下，从制造软质瓷的尚蒂伊瓷厂（Chantilly porcelain）聘请了两名陶艺工匠，在巴黎市内一处名为文森斯的地方开办了瓷厂，即文森斯瓷厂（Vincennes porcelain），但是，由于经营不善最终破产。

此时，蓬帕杜夫人登场了，她为了维持文森斯瓷厂的运营投入了巨额国家经费，并在此后的20年间禁止文森斯瓷厂以外的其他瓷厂制造瓷器，允许它"垄断制造瓷器"。

1756年，在蓬帕杜夫人的建议下，文森斯瓷厂搬到了位于巴黎和凡尔赛宫之间的赛弗尔，1759年改名为"法国国立赛弗尔瓷器制造所"。

加上对梅森瓷和皇家维也纳瓷的竞争意识，赛弗尔瓷厂召集了许多优秀的画家和技师。**赛弗尔瓷对西式陶瓷器皿的设计产生了巨大影响，只要说起西餐历史就必须有赛弗尔瓷的一席之地**。欧洲大陆自不必说，它的影响力也传播到了大洋彼岸的英国，其中受影响最大的是明顿（Minton）。

1789年法国大革命时，赛弗尔瓷厂遭到袭击，很多作品被没收和破坏，被迫停业。是拿破仑拯救了赛弗尔，他趁法国革命的混乱之时掌握了政权，他大力推动瓷器制造业，把它们当作炫耀自己权威的工具。1804年，拿破仑即位，赛弗尔也因此成为皇家瓷厂。现在，国立塞弗尔瓷器制造所、国立赛弗尔陶瓷美术馆、AdrienDubouch国立陶瓷美术馆一起成为"赛弗尔·利摩日瓷器城"的一部分。

👉 **深入探索**

皇家皇冠德比（RoyalCrownDerby）p66
明顿（Minton）p78
洛可可风格 p140
裙撑同盟与七年战争 p214
法国大革命和英国资产阶级革命 p218

Ancienne Manufacture Royale de Limoges

皇家利摩日

可以找到赛弗尔设计的瓷厂

👉 **创立**
1737年

👉 **创立地点**
法国/利摩日

👉 **品牌名称由来**
创立地名

👉 **特征**
王室使用的高格调设计

👉 **代表风格**
洛可可风格、路易十六风格、帝政风格

👉 **历史**
1737年　创立
1771年　在法国的利摩日首次成功制造出硬质瓷器
1797年　成为国立瓷厂
1986年　被柏图收购

代表餐具

玛丽·安托瓦内特（Marie Antoinette）Bernardaud系列
1782年，凡尔赛宫为玛丽·安托瓦内特夫人置办的赛弗尔瓷厂制造的瓷器的复刻版。矢车菊的朴素配上链状珍珠（putty perl）使整体设计更加完美。

利摩日最古老的瓷器制造厂

皇家利摩日*是法国发现最早的、**成功使用高岭土制造出硬质瓷器的瓷器制造厂**。1797年被冠以皇家称号，成为皇家瓷厂，第一次被允许将"LIMOGES"加在品牌标记中。

此外，它还是少数获得许可，复刻卢浮宫中收藏的赛弗尔瓷厂作品的品牌之一。赛弗尔的瓷器很难买到，**但是通过皇家利摩日我们也可以一尝所愿，拥有稀有的赛弗尔设计的瓷器**。皇家利摩日的艺术风格主要是18—19世纪前叶法国流行的中国式风格、洛可可风格、路易十六风格和帝政风格。

皇家利摩日一直受到法国国王路易十六的弟弟，后来成为查理十世的阿图瓦伯爵的庇护，在1774年路易十六继位那年成为皇家御用瓷，1797年成为皇家瓷厂。现在被柏图收购。

*皇家利摩日全称为Ancienne Manufacture Royale de Limoges。本书中统称为"皇家利摩日"。

Bernardaud

柏图

陶瓷器皿的基础知识

世界各地的西式陶瓷餐具

从艺术风格了解西式陶瓷餐具

西式陶瓷餐具与世界史

西式陶瓷历史上的重要人物

陶瓷餐具的使用方法

拿破仑三世御用瓷器

创立
1863年

创立地点
法国/利摩日

品牌名称由来
经营者的名字

特征
既优雅又不张扬的设计

代表风格
洛可可风格、帝政风格、现代风格

历史
1863年　创立
1867年　献给欧仁妮皇后（Imperatrice Eugenie）
1900年　莱昂纳德·柏图（Léonard Bernardaud）成为社长
1986年　收购皇家利摩日

代表餐具

ECUME系列
以海浪翻滚的泡沫为灵感诞生的系列，很受高级餐厅的喜爱。

"美好年代"（Belle Époque）发展起来的利摩日瓷厂

柏图是利摩日代表的陶瓷品牌，生产了很多被世界一流酒店和米其林三星餐厅所喜爱的餐具。**它的很多系列都是将盘子盛装料理的部分做成平底的，这也是它最大的特点。**盘子如同画板一样，让厨师们在摆盘时可以自由发挥想象力，这也是它受到众多世界一流厨师喜爱的原因之一。

柏图创立于1863年，起初为两家企业在利摩日合作设立生产餐具的工厂。**仅仅用了4年时间，它便迅速成为拿破仑三世的皇家御用瓷器，**确立了稳固的地位。

这一时期正好是拿破仑三世进行巴黎大改造的时期。当时的巴黎正值"美好年代"的前夜，经过大改造，城市美丽升级，文化也随之繁荣起来。这一时期以柏图为首，法国（主要为利摩日）很多瓷厂也迅速地蓬勃发展起来。

工厂中有一名见习生吸引了大家的注意，他就是莱昂纳德·柏图（Léonard Bernardaud），20年后他成为工厂的营业负责人，之后在两位创始人的邀请下加入了经营队伍。1900年，莱昂纳德拥有了以他名字命名的公司，就是现在的柏图。如今，柏图旗下拥有成功制造出法国历史上第一个硬质瓷器的品牌——皇家利摩日。

上图：柏图"马克·夏加尔"系列
中图：用柏图"ECUME"系列餐具摆盘的日本
Aoige法式餐厅的前菜，用火将甄选的时令蔬菜
本身的美味提取出来，制作方法十分讲究。用不
同品牌的餐具搭配精致的料理，为食客带来味觉
和视觉的双重感动。

摄影协助：Aoige法式餐厅

〒604-0884
日本京都市中京区竹屋町通高仓西屏之内町
631

柏图"波士顿"系列

20世纪初，莱昂纳德·柏图开拓了美国市场。
1925年在被称为"Art deco（装饰艺术）世博
会"的巴黎世博会上展出了"波士顿"系列餐
具。同一年出版的美国小说《了不起的盖茨比》
中描绘了当时爵士乐和装饰艺术盛行的世俗文
化，而这套餐具其绚丽的亮片设计就像书中所
呈现出的世界一般，毫无悬念地获得了金奖。

👉 **深入探索**

世界博览会p230
巴黎大改造p228

什么是利摩日瓷?

原本利摩日瓷就像日本的有田烧一样,是通用名称。皇家利摩日、柏图、哈维兰等,根据各个瓷厂的名称生产利摩日瓷,也被标记为利摩日窑、利摩日瓷器。

利摩日是与赛弗尔齐名的法国屈指可数的瓷器城,自古以来就以"珐琅彩绘工匠之城"而闻名。利摩日的制瓷历史始于1768年,人们在利摩日的近郊发现了稀有的品质优良的高岭土,因为当时的市长十分有远见,将此地本来就擅长的珐琅彩绘应用到瓷器彩绘上,使得利摩日作为彩绘瓷器的生产地而名声大噪。

但是到了路易十五时代,赛弗尔因为无法满足巨大的市场需求,便要求利摩日生产白瓷。从1784年开始,利摩日实际上成了赛弗尔的外包工厂。后来因为搬运太麻烦,不仅是彩绘和金彩,连赛弗尔的底印绘制也由利摩日一并承包,直接对外售卖。

不仅如此,1784年5月16日,法国国王向全国颁布了"巴黎9窑特许",内容是在当时巴黎的民间瓷厂中,只允许9间瓷厂使用彩绘金彩。受此影响,利摩日瓷厂名义上也被强制生产白瓷。后来,由于法国大革命而发生转变,利摩日也重新恢复了自己的制瓷业。

得到玛丽·安托瓦内特庇护的"王妃工坊"

Reine瓷厂是在"巴黎9窑特许"下被允许使用彩绘金彩的瓷厂之一。该瓷厂于1776年创立,因为有玛丽·安托瓦内特的庇护,后来被称为"王妃工坊"。Reine瓷厂于1810年关闭。2020年,以法国老牌红茶品牌"Nina's Marie Antoinette"原创作品为基础,日本则武瓷器复刻了Reine瓷厂曾经制造过的餐具。

Marie Antoinette1775

法国老牌红茶品牌"Nina's Marie Antoinette"原版,由日本代表性西式陶瓷餐具品牌"则武"和西洋餐具专卖店"Le noble"(贵妇人)共同复刻(在"贵妇人"店内限定销售)

Haviland

哈维兰

在美国大获成功的利摩日瓷厂

👉 **创立**
1842年

👉 **创立地点**
法国/利摩日

👉 **品牌名称由来**
创始人的名字

👉 **特征**
法国贵族钟爱的优雅设计

👉 **代表风格**
洛可可风格、路易十六风格、新艺术风格（Art nouveau）、装饰艺术风格（Art Déco）

👉 **历史**
1842年 创立
1872年 费利克斯·布拉克蒙德（Félix Bracquemond）担任艺术总监
1876年 恩内斯特·查普列特（Ernest Chaplet）开始制作Barbotine（表面添加装饰性生物的器皿）
1879年 创始人大卫·哈维兰的儿子查尔斯·哈维兰继承家业，随后发展成为西方规模最大的瓷器制造所

═══ 相关人物 ═══

大卫·哈维兰（David Haviland）

创始人，纽约贸易商人。因为熟知美国人偏好的设计风格，他制造的商品瞬间席卷美国市场，哈维兰也因此名声大振。

费利克斯·布拉克蒙德（Félix Bracquemond）

版画家，将日本《北斋漫画》传播到西方的第一人，哈维兰的艺术总监。

恩内斯特·查普列特（Ernest Chaplet）

开发出新技术"Barbotine"的陶艺家

═══ 代表餐具 ═══

欧仁妮皇后（Imperatrice Eugenie）系列

1901年问世。描绘着欧仁妮皇后最爱的淡紫色紫罗兰的花纹。在法国国宾使用餐具都是赛弗尔的瓷器中，它是唯一的例外。在爱丽舍宫的正式晚宴中使用。

HAVILAND TOKYO. Photo by HAVILAND

路维希安（LOUVECIENNES）系列

设计灵感来自凡尔赛宫内的瓷砖。有玛丽·安托瓦内特最爱的矢车菊和玫瑰花蕾等纹饰，具有赛弗尔风格的路易十六样式。

引进最新技术，为利摩日做出巨大贡献

哈维兰是美国人创建的利摩日瓷厂，创始人大卫·哈维兰（David Haviland）是活跃在美国的贸易商人。有一天，大卫被客人带来的白瓷茶杯所感动，当他听说那是法国利摩日制造的时候，就萌生了自己生产利摩日瓷器出口美国的念头。1842年，他在利摩日创立了Haviland（哈维兰）。

哈维兰熟知美国人喜好的设计风格，凭借强大的信念和行动力，很快就横扫了美国市场。事业开始仅仅十几年就占据了法国瓷器出口市场的50%，成为西方最大的瓷器制造所。"法国的新瓷器制品"在美国引起了热议，最终，"利摩日"这一法国瓷器地名也在世界范围内传播开来。

另外，它引进了当时最先进的流铸[①]和多色石板印刷[②]等技术，**对提升利摩日的整体水平也做出了贡献**。

1872年布拉克蒙德就任艺术总监，经他指导的多色石板印刷技术，让转印轮廓线和彩绘可以同时进行，实现了生产成本大量降低，也给哈维兰带来了巨大的盈利。

与此同时，进入哈维兰公司的恩内斯特·查普列特开始制作采用新技术的Barbotine系列。虽然Barbotine系列因为销量不佳很快就被撤出了市场，但是以日本主义（Japonisme）和印象派绘画为主题的崭新设计受到了广泛的关注，特别受到中产阶级的喜爱，从19世纪末到20世纪初法国各地的瓷厂纷纷开始大量生产。

继任者查尔斯·哈维兰虽然很喜欢日本主义和印象派绘画，但他并不拘泥于此，而是改走公司擅长的高级餐具路线，这一市场营销大获成功。Haviland制造的高级晚宴餐具，成为历届美国总统、欧洲皇室、日本政府正式宴会时使用的餐具。

在餐具设计方面，Haviland的特点是擅长设计法国皇室喜爱的"欧仁妮皇后"（Imperatrice Eugenie）、"路维希安"（LOUVECIENNES）等风格。特别是"**欧仁妮皇后系列**"，**它是赛弗尔以外唯一被允许用于法国国宾晚宴的系列**，这一系列是特别为法国国王拿破仑三世的皇后欧仁妮设计的。

①不使用固体黏土，而是将光滑的液体状黏土导入石膏模具中的制造方法。
②石版画，版画的一种。

Imperatrice Eugenie系列
HAVILAND TOKYO. Photo by HAVILAND

🖙 **深入探索**

Barbotine p119
日本主义（Japonisme） p178

意大利的陶瓷餐具

文艺复兴时期，意大利以中部地区为中心，马约利卡陶器的生产非常活跃。进入18世纪后，受梅森瓷器诞生的影响，佛罗伦萨和那不勒斯都建立了瓷厂。

罗马

> 📖 **特征**
> · 色彩丰富的马约利卡陶器
> · 多以古希腊神话、古罗马神话、基督教文化为主题
> · 带有巴洛克风格特色的浮雕装饰

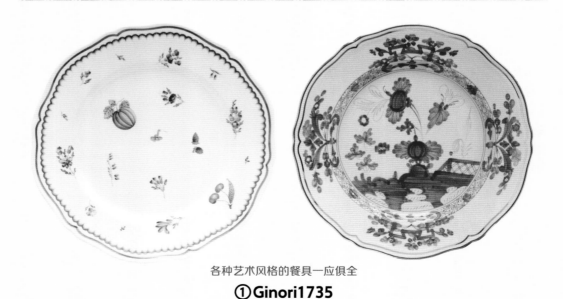

各种艺术风格的餐具一应俱全

① Ginori1735

左图：意大利水果（Italian fruit）系列；右图：经典意大利（Oriente Italiano）系列

卡波迪蒙特
（Capodimonte）

卡波迪蒙特瓷厂是1743年在那不勒斯的卡波迪蒙特皇宫内设立的瓷器工坊，因为那不勒斯国王卡洛七世（后来成为西班牙国王查理三世）与梅森瓷器创始人奥古斯特二世的孙女玛利亚·阿玛利亚结婚后对瓷器产生了兴趣而创办的，生产了很多具有意大利南部特色的用色明亮且丰润的陶瓷器皿。

Ginori1735瓷器传承到第三代时，得到了卡波迪蒙特瓷厂的模具，并继承了它的制造手法并延续至今。右列的图片是Ginori1735制造的"卡波迪蒙特"系列。

**色彩丰富的
意大利马约利卡陶器**

GINORI 1735 ITALIA

Ginori 1735

基诺里1735

各种艺术风格应有尽有的餐具

创立
1735年

创立地
意大利/托斯卡纳地区

品牌名称由来
创始人的名字

特征
采用了多种艺术风格，现货销售

代表风格
巴洛克风格、洛可可风格、新古典主义风格、装饰艺术风格（Art Déco）

历史
1735年　卡洛·基诺里（Carlo Ginori）侯爵开始为创办瓷厂做准备
1737年　瓷厂创立（Doccia瓷厂）
　　　　从那之后到1896年为止，由基诺里家族五代人负责经营
1896年　与意大利北部兴起的米兰陶瓷制造商理查德陶瓷公司合并，更名为理查德·基诺里（Richard Ginori）
2013年　加入古驰（Gucci）旗下
2016年　加入开云（Kering）集团旗下
2020年　改名为Ginori 1735

相关人物

卡洛·基诺里（Carlo Ginori）

Ginori1735 前身 Doccia 瓷厂的创始人，对各种领域都抱有兴趣，在化学知识和矿物学方面也有很深的造诣。他亲自寻找原料土，研究调浆和发色，最终成功制造出硬质瓷器。

代表餐具

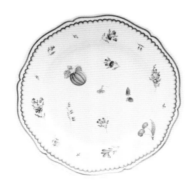

意大利水果（Italian fruit）系列

基诺里瓷器独有的白底上描绘了李子等水果和小花。最初是为托斯卡纳地区的贵族们设计的，用作别墅中使用的晚宴餐具。

经典意大利（Oriente Italiano）系列

到 2022 年为止担任古驰创意总监的亚力山卓·米开理（Alessandro Michele），于 2015 年从历史档案中获得灵感设计的系列，它最大的特色是崭新的颜色变化。

意大利贵族创立的多种风格的瓷厂

正如品牌名称所示，Ginori1735是创立于1735年的瓷厂，最初名叫"Doccia"。或许理查德·基诺里（Richard Ginori）这个名字更耳熟能详，2020年，理查德·基诺里为了表达回归原点的意愿，将品牌名称改为"Ginori1735"。

Ginori的创业历史从18世纪一个忧患国家衰落的贵族开始。**"Ginori1735"的创始人是贵族**，这是它与众不同的地方。

Ginori1735的前身Doccia瓷厂位于托斯卡纳公国的首都佛罗伦萨，这里曾因地中海贸易而繁荣。但是，在哥伦布开启大航海时代之后，世界逐渐转变为以大西洋贸易为中心，随着地中海贸易的缩小，佛罗伦萨开始走向衰退。瓷厂创始人卡洛·基诺里侯爵认为，只有生产对当时的人们来说与黄金具有同等价值的硬质瓷器才能让自己的国家重新繁荣起来。

基诺里家族是意大利历史悠久的家族之一，当时的名门贵族不仅仅是有钱人，他们比一般学者更热衷于研究。卡洛·基诺里侯爵在化学和矿物学上造诣极深，他亲自寻找原料土，研究调浆和发色，成功烧制出硬质瓷器。1735年，他在自己位于佛罗伦萨郊外Doccia的别墅内开始着手准备创办瓷厂，这就是如今Ginori1735的前身Doccia瓷厂。

卡洛·基诺里侯爵不仅创办了瓷厂，为了提高工坊的技术还开办了教授绘画、设计和雕刻的学校，不遗余力地进行技术研发。之后，基诺里侯爵家族持续经营了五代，并在1807年完全继承了那不勒斯国王经营的卡波迪蒙特瓷厂的模具和设计，拓展了作品范围。

1896年，基诺里与米兰的理查德制陶所合并，更名为"理查德·基诺里"。之后在2013年加入古驰（GUCCI）旗下，2020年更名为"Ginori1735"。古驰的全新室内装饰系列"decor GUCCI"的陶瓷器皿由Ginori1735亲自操刀，与同是佛罗伦萨品牌合作的餐具系列也层出不穷。

Ginori1735最大的特点是艺术风格极为丰富，从巴洛克风格到装饰艺术，**人们可以欣赏到各种各样不同风格的产品。**

Vecchio Ginori（浮雕）系列
适用于各种料理。图片为直径24厘米的汤盘

👉 **深入探索**

基诺里家族与"匹诺曹"出人意料的渊源 p62

Ginori1735的陶瓷餐具艺术风格多种多样。图片中从左起顺时针方向：柿右卫门纹饰的"红公鸡"/洛可可风格的"意大利水果"/杯型与娇俏可爱的玫瑰图案搭配的巴洛克风格"Roselline"系列/中国式风格和洛可可风格融合的"GRANDUCA COREANA"系列

　　　　基诺里家族与"匹诺曹"出人意料的渊源

　　1854年，Doccia瓷厂第四代经营者洛伦佐二世（Lorenzo di Pierode' Medici），将瓷厂的运营委托给Paolo Lorenzini，结果瓷器生产和设备都有了飞跃性的提升。厂长有个兄弟叫卡洛·罗伦齐尼（Carlo Lorenzini），他就是后来撰写了《匹诺曹历险记》的作者卡洛·科洛迪（科洛迪是卡洛的笔名）。

　　在理查德·基诺里时代，"匹诺曹"系列瓷器问世，这一系列诞生的背后隐藏着基诺里家族与匹诺曹作者之间深厚的渊源。

图片从右后起顺时针方向：新古典主义风格的"PALMETTE"棕榈叶纹饰（直径22厘米盘）/帝政风格的"CONTESSA"（茶杯和茶碟）/中国式风格和现代风格融合的"Oriente Italiano"/装饰艺术风格的"Labirinto scarlet"

英国的陶瓷餐具

英国是与德国齐名的在欧洲范围内屈指可数的陶瓷大国。18世纪后期，因为在英国开采不到烧制硬质瓷器所需的高岭土，取而代之开发出各种新材料。与欧洲大陆不同，英国不是王公贵族创立瓷厂而是由一般百姓自己创立，通过产业革命发展了陶瓷的批量生产技术。请大家在阅读品牌诞生的故事时尽量将着眼点放在其与欧洲大陆陶瓷业发展的共同点和不同点上。

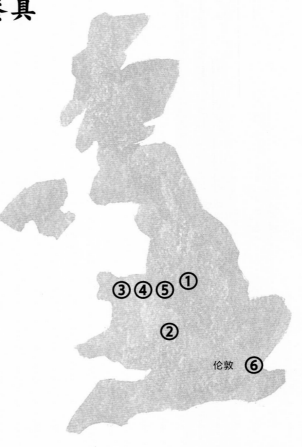

③④⑤①

②

伦敦 ⑥

> 特征
> · 品牌名称多使用创始人的名字
> · 生坯种类繁多
> · 英国独特的美学风格反映在设计上
> · 维多利亚时期诞生了很多复兴设计

格调高雅的英国最古老的瓷厂

①Royal Crown Derby
（皇家皇冠德比）

临摹日本萨摩烧的超凡技巧

②Royal Worcester
（皇家伍斯特）

新古典主义设计的王者
③Wedgwood（威基伍德）

骨瓷与铜板转印为英国制瓷业
做出巨大贡献
④Spode（斯波德）

受法国影响最深的英国瓷厂
⑤Minton（明顿）

英国瓷厂中"作家"的先锋
⑥Royal Doulton（皇家道尔顿）

☞ 深入探索

①皇家皇冠德比"Royal Antoinette"（皇家安托瓦内特）系列。/②皇家伍斯特"Evesham Gold"系列。/③威基伍德"Jasper Ware"系列。/④斯波德"Blue Italian"（蓝色意大利）系列。/⑤明顿"Haddon Hall"（哈顿庄园）系列。/⑥皇家道尔顿"SONNET"系列。

Royal Crown Derby

皇家皇冠德比

格调高雅的英国最古老的瓷厂

创立
1750年（众说纷纭）

创立地
英国/德比

品牌名称由来
创立地

特征
至今仍在英国生产，以豪华的金彩作品为特色，古董瓷器为赛弗尔风格

代表风格
洛可可风格、摄政风格

历史
1750年　由安德鲁·普朗切（Andrew Planche）在德比创立
1775年　因得到国王乔治三世的赏识，授予其"皇冠"（Crown）的许可
1848年　德比瓷厂关闭。六名工匠开设了位于国王街（King Street）的工厂
1877年　在奥斯马斯顿路（Osmaston road）开设了"Crown Derby"（皇冠德比）瓷厂
1890年　"Crown Derby"被维多利亚女王授予"皇家"（Royal）称号，通过皇家授权
同年　　从法国迎来了第斯里·雷洛伊（Désirée Leroy）
1935年　兼并了国王街的工厂，将所有业务集中到Osmaston road的工厂

品牌标记
品牌标记是体现王室御用的王冠。从2014年开始在新产品上使用最上方的标记。现存商品中还在使用旧标记（右图）

相关人物

安德鲁·普朗切（Andrew Planche）

创始人。18世纪后期，信仰胡格诺教派的一家人由于躲避对新教教徒的镇压从法国移居到英国，最初在伦敦做金匠，后来搬到德比。

第斯里·雷洛伊（Désirée Leroy）

1840年出生于法国，彩绘师。1851年（当时11岁）开始在赛弗尔做学徒，1874年应明顿之邀前往英国。1890年加入德比瓷厂，是德比历史上最出色的彩绘师。

代表餐具

皇家安托瓦内特（Royal Antoinette）系列

1959 年发售。由 1780 年法国王妃安托瓦内特为形象的花环图案派生出来。

古典伊万里（Old Imari）系列

诞生于 1775 年左右。伊万里图案在 19 世纪初期是十分流行的时兴商品。在被称为"德比·日本"的餐具图案中，图案编号"1128"被认为是"古典伊万里"。

底款照片提供：皇家皇冠德比日本株式会社

因合并而充满动荡历史的瓷厂

"皇家"和"皇冠",唯一一个由两个与王室相关名称命名的品牌——皇家皇冠德比。之所以有如此特别的名称,与皇家皇冠复杂的历史脱不了关系。其他很多瓷厂也有过合并或倒闭的历史,它却是尤为显著的一家,因此,瓷厂的历史十分复杂,令初学者很难理解。就让我们先记住皇家皇冠德比最重要的历史特征:它是**一间因为合并而令经营充满波折**的瓷厂。

餐具设计上受到**法国赛弗尔的影响,尤其擅长制造英国涉政风格的陶瓷器**。另外,与威基伍德和斯波德在中产阶级中普及的商品不同,**他们的顾客集中在王公贵族和富裕阶层**。

1750年,安德鲁·普朗切(Andrew Planche)在德比创建了小型瓷器作坊,这就是皇家皇冠德比的起源。后来,珐琅画师William Duesbury加入经营阵营,他吸收且合并了被认为是英国最早开始制造瓷器的伦敦切尔西瓷厂(Chelsea Porcelain Manufactory)和首次尝试制作骨瓷的Bow Porcelain Factory,使瓷器制造技艺得到了飞跃发展。之后,更获得国王乔治三世的赏识,授予皇家御用和公司名称冠上皇冠的许可,公司由此更名为"皇冠德比"。

但是,到了19世纪初期,因为瓷厂继承问题产生了纠纷,这期间瓷厂逐渐走向衰退。虽然最终皇冠德比被迫关闭,但之后又分成两间瓷厂重新开张,一间是原工厂工匠们独立之后在国王街开的"继承皇冠德比时代设计的另一名义的工坊",另一间是获得正式权利在奥斯马斯顿路重建的"皇冠德比制陶所"。很长一段时间里,这两间瓷厂各自生产德比瓷厂的作品。

1890年,皇冠德比制陶所被维多利亚女王授予皇室御用,成为"皇家皇冠德比",这一名号沿用至今。这一年,皇家皇冠德比还**聘请了在赛弗尔进修过的法国艺术家兼设计师第斯里·雷洛伊(Désirée Leroy)**,雷洛伊可以说是参与德比制作的最优秀的艺术家之一。从赛弗尔到明顿,再到皇家皇冠德比,他的才能在这里达到顶峰,创作出了具有赛弗尔风格的精美绘画和奢华的金彩作品。

1935年,皇家皇冠德比合并了国王街的工坊,将所有业务都汇集到奥斯马斯顿街的瓷厂。此后,皇家皇冠德比瓷厂不断成长壮大,如今依旧致力于制造"Made in England"的产品。

无论从哪个角度欣赏都高雅优美的"皇家安托瓦内特"系列。

🤝 深入探索

摄政风格和伊万里纹饰p163
宗教改革p212
法国大革命和英国资产阶级革命p218

Royal Worcester

皇家伍斯特

临摹萨摩烧的超凡技巧

创立
1751年

品牌名称由来
创立地

创立地
英国/伍斯特郡
之后被波特美林公司
（Portmeirion）收购

特征
现代产品为亲民款，古董则是日本主义风格，描绘着如油画般的彩绘

代表风格
日本主义风格

历史

1751年　由医生约翰·沃尔（John Wall）、药剂师威廉·戴维斯（William Davis）和13位赞助人一起创办

1786年　彩绘师罗博特·钱伯伦(Robert Chanberlain)创立了专门进行彩绘的瓷厂Chanberlain Worcester

1789年　英国陶瓷器业界第一个被授予皇家称号的工坊

1840年　本家伍斯特合并了Chanberlain Worcester

1862年　正式成为皇家伍斯特（Royal Worcester Porcelain Co.）

2009年　加入波特美林公司（Portmeirion）旗下

品牌标志
位于品牌标志中心的"51"代表创立年份。现在©后面的数字代表正面纹饰的创作年份

相关人物

约翰·沃尔（John Wall）

创立者之一，出生于伍斯特近郊。他热爱自己的家乡，从牛津大学毕业后回到伍斯特。除了作为一名医生为家乡做贡献以外，他还致力于促进城市繁荣和就业的事业，最终，他决定在伍斯特建立瓷器制造所。

代表餐具

伊夫舍姆金边蔬果瓷盘（Evesham gold）

1961年发表，盘上描绘着伊夫舍姆溪谷中秋天的果实。伍斯特量产的经典款作品很少，这款是20世纪伍斯特瓷厂出品的唯一量产畅销作品。

彩绘水果（Painted fruit）系列

被誉为最高杰作的艺术品系列。经过6次反复彩绘和烧制，再用时11个小时为表面镀22K金，最后经过研磨等工序制作而成。

（照片由日本创美株式会社提供）

陶瓷器皿的基础知识

世界各地的西式陶瓷餐具

从艺术风格了解西式陶瓷餐具

西式陶瓷餐具与世界史

西式陶瓷历史上的重要人物

陶瓷餐具的使用方法

英国制瓷业界首次被授予"Royal Warrant"（皇室御用）

1751年创立的皇家伍斯特瓷厂，不像其他有名的英国瓷厂那样有很多大受欢迎的招牌商品，而是属于小众瓷厂。但它是英国历史最悠久的瓷厂，更对之后众多的英国瓷厂影响深远，而且它与日本也有很深的关系。和德比瓷厂一样，它也经历了很多次合并，对初学者来说有点复杂难懂。首先，请记住它是"经历了合并，有着悠久历史的瓷厂"。

值得一提的是，**它是英国制瓷业首次获得"皇室御用"许可的瓷厂，更因日本主义（Japonism）风格而一举成名**。在设计方面，它虽然拥有精美的彩绘手绘技巧，但能批量生产的热门作品并不多。

伍斯特瓷厂的历史开始于创始人之一约翰·沃尔医生，他去世之后，由于瓷厂经营状况不佳，经营权转交到Flight家族手中，因为不认同他们只重视成本的经营理念，彩绘师Robert Chanberlain强行独立，结果反而独立的一方越来越繁荣（Chanberlain Worcester瓷厂）。在德比瓷厂因为家族纠纷而停滞不前的时候，Chanberlain Worcester瓷厂一跃成为英国实力第一的瓷厂，它兼并了自己的师傅伍斯特瓷厂。

不过，英国瓷厂也分为两种类型，一种是斯波德和皇家道尔顿等非常擅长英国式设计的类型，另一种是皇家皇冠德比和明顿等擅长法国赛弗尔风格的类型。皇家伍斯特属于后者，这是受到Flight家族原本就从事法国陶瓷器生意的影响。

在日本主义风行的潮流中，瓷厂制作出的"临摹萨摩烧"在1872年维也纳世博会上好评如潮，成为皇家伍斯特的代表设计。1867年，当时的艺术总监在巴黎世博会上被日本主义所吸引，以与日本相关的资料、文

献为基础，诞生了很多临摹萨摩烧和日本主义风格的作品。几年后，当岩仓使节团到访瓷厂时，对其高超的技术赞不绝口。

20世纪后期，因与国外商品的竞争愈演愈烈，1976年皇家伍斯特和斯波德正式合并。**2009年，被将事业根据地设在特伦特河畔斯托克（Stoke-on-Trent）的波特美林公司收购**，直到现在。

皇家百合（Royal Lily）系列
1788年乔治三世定制的送给夏洛特皇后的礼物。隔年，伍斯特瓷厂获得"皇家御用"称号

🤝 波特美林（Portmeirion）

创立于1960年英国威尔士的波特美林是由陶器设计师创立的陶瓷公司。1972年发表的"植物园"（Botanic Garden）系列因大受欢迎令品牌一举成名。如今公司总部设在特伦特河畔斯托克，旗下品牌有斯波德和皇家伍斯特等。

🤝 深入探索

日本主义 p178

"英国陶瓷之乡"特伦特河畔斯托克（Stoke-on-Trent）到底是个什么样的地方？

英国中部地区的斯塔福德郡（Staffordshire）是威基伍德、斯波德、明顿等著名瓷厂的发祥地。这里距离伦敦坐特快列车约一个半小时即可到达，是连接坦斯特尔（Tunstall）、伯斯勒姆（Burslem）、汉利（Hanley）、斯托克（Stoke）、芬顿（Fenton）、朗顿（Longton）六个小镇的区域，其中斯托克（Stoke-on-Trent）又被人们亲切地称为The Potteries（陶器）。为什么会有如此多知名陶瓷制造厂聚集于此呢？

原因有两个：一个是此地盛产烧制瓷器时使用的燃料煤炭，另一个是作为陶瓷的原料此地拥有非常丰富的优质黏土资源。由于黏土质的土壤不适合农耕，所以自古以来这里窑业兴盛，一直制造大众使用的日用杂器。

进入17世纪，由于拉胚技术的普及，农民们不再把制陶作为副业，各地都开始建造专业的瓷窑，伯斯勒姆地区的威基伍德就是这样的瓷窑之一。当时的瓷窑形状为上细下粗看起来像瓶子，由此被称为"瓶型窑"（Bottle kiln）。当地烧制传统的施釉陶器（Slipware）、质朴的黑色陶罐和盘子。

如今，在特伦特河畔斯托克依旧保存着50多座当时建造的瓶型窑。

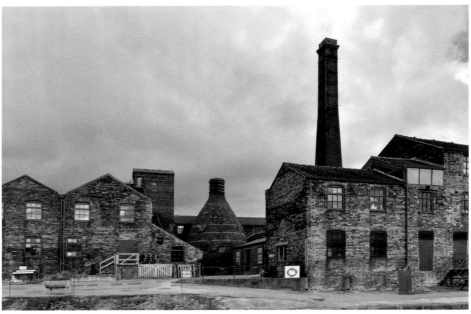

特伦特河畔斯托克的格莱斯顿瓷器博物馆（Gladstone Pottery Museum）。位于图片中央的就是瓶型窑，如今因为环境污染问题已经废弃，仅做参观用。

皇家伍斯特"萨摩烧"复制版

旗下拥有皇家伍斯特和斯波德品牌的波特美林的"植物园"（Botanic
Garden）系列中的"和谐"（Harmony）系列（正中央）

Wedgwood

威基伍德

新古典主义设计的王者

☞ **创立**
1759

☞ **创立地**
英国/伍斯特郡特伦特河畔斯托克
（Staffordshire Stoke-on-Trent）

☞ **品牌名称由来**
创始人的名字

☞ **特征**
古希腊、古罗马风格

☞ **代表风格**
新古典主义风格

☞ **历史**

1759年 乔舒亚·威基伍德（Josiah Wedgwood）从叔叔手中接管了Ivy House工坊（创立年）

1761年 皇后御用瓷器（Queen's Ware）制造完成，开始销售

1769年 威基伍德迎来了另一位经营伙伴托马斯·本特利（Thomas Bentley）

1790年 玉石浮雕系列（Jasper Ware）重现了"波特兰花瓶"（Portland vase）设计

1795年 乔舒亚·威基伍德（Josiah Wedgwood）去世

1812年 优质骨瓷（Fine bone china）商品化

2015年 被芬兰刀具工艺设计品牌Fiskars收购

☞ **品牌标志**
品牌标志中的"W"字母中隐藏着一只"波特兰花瓶"。对于古董瓷器可以通过波特兰花瓶的颜色来分辨出品年代。

相关人物

乔舒亚·威基伍德（Josiah Wedgwood）

创始人，1739年出生，被誉为"英国陶瓷制造业之父"。他不仅活跃于陶瓷业界，还在其他众多领域做出社会贡献。

托马斯·本特利（Thomas Bentley）

1730年出生，是威基伍德的经营合伙人，与乔舒亚是老朋友。精通古典艺术，给乔舒亚的人生和事业都带来了巨大影响。

维克多·斯科莱姆（Victor Skellern）

设计师，是威基伍德第五代（1899—1968）时期的艺术总监。

代表餐具

欢愉假日（Festivity）系列
有庆典之意，是皇后御用瓷的代表系列

玉石浮雕（Jasper Ware）系列
以创始人乔舒亚·威基伍德独自开发成功的生坯为基底，充分体现了古典主义风格的主题

开发自己的陶器，并成功量产

威基伍德的创始人乔舒亚·威基伍德被誉为"英国陶瓷制造业之父"，他为英国陶瓷的发展做出了巨大的贡献。威基伍德陶瓷的特征有如下三点：

- **开发自己的陶器**
- **突破了新古典风格**
- **在陶瓷业界首次成功实现批量生产**

威基伍德创业初期制造的奶油色陶器（Cream ware）因制作成本比瓷器低，所以在当时被大大小小的工坊当作主力商品生产。乔舒亚通过研究，将奶油色陶器的配方进行改良，成功制造出品质高于其他工坊的陶器，这一创举引起了对陶瓷非常感兴趣的夏洛特皇后（英国国王乔治三世的妻子）的关注，并获得了她的资助。最终，威基伍德制造的乳白色陶器被特别授予"皇后御用"的称号。

此外，乔舒亚还在1769年制造出类似玄武岩的黑色陶器"黑色玄武岩"（Black basalt），1774年完成了命名为"Jasper ware"（玉石浮雕）的炻器。炻器在欧洲产量很高，Jasper ware与传统的欧洲炻器相比颗粒更细小，生坯更细腻有光泽，设计上采用了威基伍德最具代表性的古典风格。

1790年，威基伍德使用了Jasper ware技术完美复制出了古罗马的玻璃花瓶"波特兰花瓶"。通过这次复制，乔舒亚·威基伍德的名声更加响亮，"波特兰花瓶"成为威基伍德的象征，现在作为底款的一部分仍然被大众所熟知。

当时英国完成了工业革命，成为世界先驱，因此，乔舒亚比其他任何瓷厂都更早地着眼于机械化、量产化，将农民手工制作的陶艺带到近代工业化的轨道上。相当于在如今电子产品和数码产品的时代，批量生产的陶瓷就像"最先进的科技结晶"。威基伍德所进行的革新可以与现代信息技术相匹敌，**它不仅是英国科技的先锋，也是世界科技的先锋。**

甜梅（Sweet plum）系列骨瓷和欢愉假日（Festivity）系列奶油色陶器组合在一起

🖎 深入探索

Spode

斯波德

骨瓷与铜板转印，为英国制瓷业做出巨大贡献

☞ **创立**
1770年

☞ **创立地**
英国/伍斯特郡 特伦特河畔斯托克（Staffordshire Stoke-on-Trent），现在被波特美林公司收购

☞ **品牌名称由来**
创始人的名字

☞ **特征**
蓝与白、东方风格图案、伦敦杯型（London shape）

☞ **代表风格**
摄政风格（Regency Style）

☞ **历史**
1770年　创立
1784年前后　成功实现铜板转印技术实用化
1799年前后　骨瓷成功投产
1806年　被乔治四世（当时还是王储）授予"英国皇室御用"称号
1833年　Copeland家族从斯波德家族手中买下全部所有权，以"Copeland & Garrett"的名字重新开张
1866年　被爱德华七世（当时的王储）授予"皇室御用"称号
1970年　公司名称由"Copeland"改为"Spode"
2009年　被波特美林公司收购

☞ **品牌标志**
因为曾经有一个时代斯波德以"Copeland"作为公司名称，所以如今在一些古董瓷器的底款上仍能看到"Copeland"标记

相关人物

乔舒亚·斯波德（Josiah Spode）

创始人，6岁丧父，从此走上了陶工的道路。将铜板转印的釉下印花技法成功实用化，在骨瓷投产近在眼前之际突然去世。

乔舒亚·斯波德二世

乔舒亚的儿子，1799年成功将骨瓷（当时叫Stoke china）投产。在他那个时代诞生了"伦敦杯型"和"蓝色意大利"等现在依旧代表斯波德的经典设计。

代表餐具

蓝色意大利（Blue Italian）系列

发表于1816年。将古罗马传统的风景与乔治四世（当时的王储）热爱的日本伊万里图案相融合的设计。如今采用贴纸转印，古董瓷器都是铜板转印制作。

伦敦杯型（London shape）系列

最显著的特征是杯身向下收拢的圆柱形和几道曲折的底足，以及棱角分明的把手。设计于1812年前后，迅速在英国流行开来，很多瓷器制造商均有生产。

给英国中产阶级带来了"蓝与白"

斯波德瓷厂于1770年在英国特伦特河畔斯托克创立。在斯波德的历史中特别值得一提的是，**其发明了骨瓷和将铜板转印技术且实用化**，以一个品牌的力量确立了英国陶瓷的两大技术。诞生于18世纪末期的这两项技术，在19世纪时成为陶瓷制造业的中流砥柱，令大英帝国的黄金时代熠熠生辉。

早在1740年，托马斯·弗莱（Thomas Frye）就发明了在陶土中混合牛骨灰烧制陶器的技法，但是当时并没有达到可以作为商品销售的完成度。后来，第二代经营者乔舒亚·斯波德研究了骨灰的比例和烧制温度，最终成功烧制出带有透明感的美丽骨瓷。

1799年投产之初，根据地名命名为"Stoke china"。之后又不断深入研究，最终成功烧制出含有50%牛骨灰的，具有更高透光度和强度的优质骨瓷（Fine bone china）。如今，英国大部分餐具品牌都在生产骨瓷，这与斯波德在英国陶瓷行业中发挥的重要作用有着密不可分的关系。

铜板转印技术，简单来说就是"将蓝色彩绘批量生产的技术"：在雕刻好图案的铜板上放一张薄薄的纸，像版画一样将墨水涂在上面刷平，在墨水未干之前迅速将纸转印到陶瓷器皿表面。铜板转印技术的确立令一张底版在短时间内就能印制出300只精美的盘子，这远远超过了手绘的速度，具有划时代的意义。在以大量生产为目的的产业革命中，这项技术起到了至关重要的作用，很快就普及整个欧洲。

1784年，铜板转印技术成功实用化。此时和洛可可风格同时迎来巅峰期的中国式青花已经走向低潮，尽管如此，对中产阶级来说，王公贵族们热爱的手绘青花瓷依旧是他们望尘莫及的存在，他们对蓝白色器皿依然抱有憧憬。通过斯波德的铜板转印技术，让"蓝与白"终于得以量产，**为中产阶级和工薪阶层实现拥有"蓝与白"的梦想做出了巨大的贡献**。如今"蓝与白"器皿依旧是斯波德的代名词，对英国人来说具有特殊的意义，深受人们的喜爱。

罗马遗产（Heritage Rome）系列
为了纪念斯波德创立250周年而制作的系列，设计灵感来源于1811年的档案资料。

🕮 深入探索

铜板转印技术p13
波特美林p69
新古典主义风格p150
摄政风格p163
如画美学（Picturesque） p222
乔舒亚·斯波德p255

真人版电影《灰姑娘》中登场的斯波德瓷器"Trapnell Sprays"

迪士尼电影《灰姑娘》真人版中，使用了斯波德瓷器"Trapnell Sprays"系列。

点缀皇宫沙龙的佩罗版《灰姑娘》

在电影《灰姑娘》下午茶和晚餐的场景中都出现了"Trapnell Sprays"，这是为了纪念英国名窑斯波德的创始人乔舒亚·斯波德250周年诞辰，于1983年再版并发表的经典作品，原版是1900年制造的英国洛可可复兴时期的作品。

清爽的蓝绿色"Petites perles"（小珍珠），搭配波斯菊和苹果图案的设计，与柔和的曲线形金边相辅相成，成就了一款非常优美的洛可可风作品。我认为这是为了呼应灰姑娘礼服的淡蓝色，而从众多陶瓷器皿中挑选出来的重要道具。

同样是大家耳熟能详的童话故事，比起内容略显残酷的格林兄弟版《灰姑娘》，我更喜欢精致高雅的佩罗版《灰姑娘》。事实上，作者夏尔·佩罗作为资产阶级官僚一直效力于法国国王路易十四。

佩罗执笔的这本故事集于1679年第一次出版，也就是说，它是在巴洛克时代诞生的。在皇宫的沙龙中，《Cendrillon》（《灰姑娘》法语名称）是被当作文学作品朗读的，这是一部展现路易十四时代华丽宫廷文化的作品。

通过对其他文化的了解让陶瓷文化变得立体起来

在佩罗版的《灰姑娘》中，灰姑娘最终原谅了坏心肠的姐姐们，更引导两人获得了幸福的婚姻。故事的结尾，精灵送给灰姑娘"无可代替、无比珍贵的Bonne Grace"作为礼物。"Bonne Grace"的法语翻译，每位译者都有自己的解析，有译为"善良"的，有译为"心地温柔"的。我认为洛可可时代的淑女最看重的是"女性品格"，可能这样翻译最为贴切。佩罗在民间传说中加入了新的内容，从佩罗的改编中，我们可以感受到以礼节和气质为美学的法国古典主义文化气息。

我认为了解陶瓷文化并不是只关注陶瓷器皿，而是要与使用陶瓷器皿的沙龙中的人们保持同一视角，观看他们所看到的东西。那些聚集在沙龙中的有教养的人们所掌握的美术、音乐、文学、历史、古希腊神话等知识，我们并不需要样样皆通，只要了解一些相关内容，陶瓷文化就会变得立体起来，佩罗笔下的灰姑娘也是其中之一。

上图左后方是2018年发表的
"Cranberry Italian"（蔓越
莓红意大利），是"蓝色意大
利"系列的限定颜色

"Heritage"（遗产）系列保留了传
统魅力之余又具有现代风格。尝试用
来摆放肉卷。

"蓝色意大利"风
格美甲（美甲师：
鹤房桂花）

Minton

明顿

受法国影响最深的英国瓷厂

👉 **创立**
1793年

👉 **创立地**
英国/伍斯特郡
特伦特河畔斯托克

👉 **品牌名称由来**
创始人的名字

👉 **特征**
泥浆堆花浮雕装饰（pate sur pate）、明顿蓝

👉 **代表风格**
帝政风格、哥特式复兴风格、日本主义风格

👉 **历史**
1793年　在特伦特河畔斯托克创立
1828年前后 哈佛·明顿开始研究镶嵌瓷砖
1849年　开发出"立体釉陶器"（Majolica）
1856年　被维多利亚女王授予"皇室御用"称号
1860年　接受来自克里斯托弗·德莱赛（Christopher Dresser）提供的设计
1870年　路易·梭伦（Louis Solon）从法国赛弗尔离开来到英国加入明顿
2015年　与芬兰费斯卡（Fiskars）集团合并，之后集团内部决定"废除品牌"，现在是特许授权品牌。日本面料制造商川岛织物（Kawashima Selkon）公司销售名为"哈顿庄园"（Haddon hall）等的亚麻类面料

相关人物

托马斯·明顿（Thomas Minton）

创始人，1765年出生于特伦特河畔斯托克西南部什罗普郡的什鲁斯伯里。有一种说法，在他创立明顿之前作为铜板雕刻师设计出了垂柳图案（Willow pattern）。

哈佛·明顿（Harvard Minton）

托马斯·明顿的二儿子，明顿瓷厂的第二代经营者。为镶嵌瓷砖和立体釉彩陶的复兴和普及做出贡献。

路易·梭伦（Louis Solon）

确立了被认为是赛弗尔最高装饰技法的"泥浆堆花浮雕装饰"（pate sur pate）。在普法战争期间加入明顿，他在任期间，明顿制瓷技术十分高超，至今依然拥有很高的声誉。

代表餐具

哈顿庄园（Haddon hall）系列

1948年诞生，灵感来源于中世纪英国哈顿庄园。

奇异鸟类（Exotic birds）系列

使用了腐蚀金装饰（acid gold）、立体金装饰（raised paste gold）、泥浆堆花浮雕装饰（pate sur pate）三种技法，是明顿引以为傲的最高品质系列。

借普法战争之机，确立了世界最高峰的技术

2015年，明顿与费斯卡集团合并之后决定"废除品牌"，因此，它是本书所介绍的陶瓷品牌中唯一没有现货的品牌。

但是，明顿陶瓷在历史上留下了种种丰功伟绩，特别是从法国赛弗尔来的工匠，还有从英国尤其是从欧洲大陆的德比瓷厂挖来的工匠，**让明顿创造出了比其他瓷厂更加技高一筹且艺术价值极高的西式陶瓷餐具**，为陶瓷业界做出了巨大的贡献。19世纪后期到20世纪初期明顿全盛期创作的作品有着令人窒息的美，如果有展览，一定要好好欣赏实物。

明顿的创始人是托马斯·明顿，他原本是铜板雕刻师的学徒，因为预见到铜板转印技术的需求会扩大，于是以结婚为契机移居到特伦特河畔斯托克，开始承接来自威基伍德和斯波德的铜板雕刻工作。1793年，随着事业的扩大，他在特伦特河畔斯托克的伦敦大街创业，开始以"明顿"的名字经营，所以这一年是明顿的创立之年。

1800年，明顿追随斯波德的脚步加入骨瓷生产的大军。之后，更被维多利亚女王授予"世界上最美丽的骨瓷"称号。

维多利亚时代后期的普法战争令赛弗尔受到重创，但同时也给明顿带来转机，因为这场战争，天才匠人路易·梭伦从赛弗尔来到明顿。明顿家族是新教教徒，他们吸纳了许多从天主教国家法国逃难而来的胡格诺派教徒的工匠。当时身为负责人的艺术总监雷昂·阿尔诺（Leo Arnault）也是法国人。这两个人在任期间，确立了令明顿引以为傲的三大绝技：腐蚀金装饰（acid gold）、立体金装饰（raised paste gold）和泥浆堆花浮雕装饰（pate sur pate）。凭借这些技法，与极具英伦风格的威基伍德和斯波德陶瓷相比，**明顿创造出了充满法国气质的设计，确立了自己独一无二的地位。**

如今，明顿作为特许授权品牌只留下了名字，尽管如此，明顿创造出的镶嵌瓷砖、立体彩陶等美丽的装饰手法依然存在，希望能让更多对西式陶瓷感兴趣的人看到。

泥浆堆花浮雕装饰技法（pate sur pate）："黏土堆在黏土上"就像它的字面意思一样，在生坯上一层层覆盖上白色黏土的技术。图片是路易·梭伦制作的"pate sur pate"。

📖 深入探索

镶嵌瓷砖p80
垂柳图案82
立体釉陶器p119
宗教改革p212

其实，在明顿创立期最值得一提的并不是骨瓷，而是他们把着眼点放在镶嵌瓷砖上。说到明顿首先人们想到的是陶瓷餐具，其实在东京汤岛的旧岩崎宅邸中就使用了明顿瓷砖。可能大家会有疑问"为什么明顿会制造瓷砖呢？"那就让我们来分析一下当时的时代背景吧。

镶嵌瓷砖是指作为高价彩色大理石的代用品，通过施釉呈现各种各样颜色的瓷砖。中世纪曾经被天主教修道院使用，因哥特复兴在英国盛行而再次受到关注。

明顿第二代传人哈佛·明顿以复刻已经失传的镶嵌瓷砖为目标，他潜心钻研，但是遭到了父亲兼创始人托马斯·明顿的极力反对，这项事业不仅耗资巨大，而且对信奉新教的明顿家族来说，很难接受天主教的哥特复兴。执着于开发镶嵌瓷砖的哈佛与父亲发生了争执，最终托马斯留下遗言，将遗产继承权交给身为新教教派牧师的长子，而非20年一心扑在制瓷事业上的哈佛。

1830年，陶工Samuel Wright获得了镶嵌瓷砖的制造专利，哈佛·明顿向他支付了手续费从而获得了使用许可，经过反复实验终于如愿以偿，使镶嵌瓷砖终于能够稳定生产。镶嵌瓷砖始于1837年的维多利亚时代，"维多利亚瓷砖"掀起了一股瓷砖热潮，在这股热潮中，哈佛紧跟时代潮流，确立了"高级瓷砖必选明顿"的地位。英国威斯敏斯特宫（Palace of Westminster）和维多利亚女王的私宅奥斯本庄园（Osborne House）中都使用了明顿瓷砖。

顺便一提，德国唯宝也是活跃在瓷砖领域的制造商，于1869年创立了欧洲第一家专门制造瓷砖的工厂，以创立地地名命名的"梅特拉赫瓷砖"深受人们喜爱。被列入世界文化遗产的德国科隆大教堂，以及泰坦尼克号高级船舱浴室都使用了梅德拉赫瓷砖，是享誉世界的知名品牌。

赛弗尔风格甜品瓷器套装——1851年伦敦世博会，维多利亚女王送给奥地利皇帝弗朗茨·约瑟夫一世的礼物。

1855年发表的"草莓浮雕"（Strawberry emboss），以维多利亚女王绘画的草莓草图为蓝本而设计，直到20世纪60年代都仅限于皇室使用。

腐蚀金装饰（acid gold）是将黄金腐蚀之后形成图案的技法，多用于边缘部分的装饰。

深爱日本主义的克里斯托弗·德莱赛的作品（1870年）。受日本七宝烧和中东文化的影响而诞生的设计。

垂柳图案（Willow pattern）

诞生于英国的中国风格"柳树图案"
背后到底隐藏着什么样的故事呢？

不知设计者为何人的谜一般的图案

柳树图案是指柳树置于中央，天空中有两只山斑鸠在飞翔，一座中国古代高官的大宅，中国风格的石桥上三个人正在过桥的设计。

关于这个设计有两个有趣的特点。第一，乍一看是中国风格的设计，但并非诞生于中国而是英国。通常被认为这是1780年出自明顿创始人托马斯·明顿之手的设计，也有人认为这是斯波德创始人乔舒亚·斯波德提出的想法，关于是谁提出的这一点众说纷纭，不管怎样，可以肯定这是源于英国的设计。

第二，这个图案中隐藏着一个故事，并且并不是把原本存在的故事拿来做纹饰，而是从器皿的设计（柳树图案）中获得灵感，再将其故事化。纹饰自带故事这一点本就非常罕见，再加上它是"设计优先"，就更显得与众不同。

高官的府邸

值得关注的地方：桥上的三个人物和柳树上方在天空中飞翔的两只山斑鸠。

出场人物有高官、高官的女儿、为高官效劳的师爷和女儿的未婚夫，共4人。

器皿上绘制的两层楼是高官的府邸，从图案中能预见这位高官是个有钱人，而且在当地拥有很大势力。不仅如此他还和商人勾结收取贿赂，做了不少坏事。

为爱私奔

眼看坏事即将败露之际，高官把账目处理的工作交给师爷，当师爷做完所有事情高官却将他赶出了府邸。

殊不知，年轻的师爷早就爱上了高官的女儿，而女儿也对师爷心生爱慕。但是高官给女儿安排了婚事，她的未婚夫是个大财主，所以这段恋情理所当然遭到高官的反对。

眼看就要到高官女儿和未婚夫订婚的日子，师爷趁着订婚典礼上的混乱决定带着自己的爱人一起私奔，器皿上描绘的正是这一幕。走在最前面，手持象征贞洁的卷线棒的是高官的女儿，跟在后面的是师爷，最后那个手里拿着女儿未婚夫所赠的首饰盒，拿着鞭子追赶他们的正是高官本人。

两个人的栖身之地和悲惨的结局

几经曲折终于逃离的两个人，先藏身在桥对岸的小屋里，但是很快就被发现了，于是他们又逃到柳树图案上的小岛上居住。两个人在这里开始了幸福的生活，师爷开始专心于农业，可惜好景不长，师爷因为撰写了关于农业的书籍而名声大振，他们的隐身之所再次被姑娘的未婚夫找到。

未婚夫攻击了两人居住的小岛，最后姑娘和师爷不幸身亡。佛祖可怜二人，让他们变成了两只山斑鸠，未婚夫受到山斑鸠的诅咒，染了怪病从此一病不起。

关于柳树图案的故事还有很多版本，这只是其中之一。这个故事的作者是谁，至今仍然是个谜。

儿童文学《谎话连篇》（*A Pack of Lies*）中出现的柳树图案

洁若婷·麦考琳（Geraldine Mclaughrean）撰写的《谎话连篇》，曾同时获得英国儿童文学领域的卡内基文学奖和卫报文学奖。

这是一个充满奇幻色彩的英国故事，一个自称"MCC"的来历不明的男人，寄居在主人公艾莎母女开的古董家具店里顺便帮忙。店里那些破旧不堪、毫不起眼的家具和杂货在MCC的生花妙口中都成了有故事的宝物，让顾客不由自主被其迷住。

故事讲到一半，其中有一章介绍中国古董盘子的描述如下。

客人看上了一只白地青花图案的盘子。"啊，是柳树图案啊！跟爷爷家的正好凑成一对……我了解这种盘子，柳树图案的盘子并不常见。"（摘自〔日〕金源瑞人译《不思議を売る男》，日本偕成社出版）

想必大家已经明白了吧，是的，这只盘子上描绘的正是柳树图案（Willow pattern），是否了解柳树图案对故事的理解也会完全不同。

MCC一边向客人展示盘子，一边讲述了一个叫吴凡的中国陶工和雇主女儿柳之间身份悬殊的悲剧爱情故事。两人暗中相爱，将自己的命运与围绕柳树图案发生的悲伤爱情故事相重叠，觉得"就像我们一样"。贪心的柳父决定把柳嫁给有钱人，二人陷入绝境，他们是否会像柳树图案中的故事一样迎来悲伤的结局？读过小说后你就知道了。

Royal Doulton

皇家道尔顿

英国瓷厂中"作家"的先锋

🖐 **创立**
1815年

🖐 **创立地**
英国/伦敦

🖐 **品牌名称由来**
创始人的名字

🖐 **特征**
装饰低调，现有商品多属于现代风格

🖐 **代表风格**
风格多样化

🖐 **历史**
1815年　创立
19世纪中期　扩大业务，生产上下水管和卫生陶瓷
1863年　第二代经营者亨利·道尔顿成为兰贝斯艺术学校（Lambeth School of Art）的经营委员
1884年前后　开始生产骨瓷
1887年　亨利成为陶瓷制造业第一位被维多利亚女王授予骑士爵位的人
1901年　爱德华七世授予"皇家御用"称号，此后命名为"皇家道尔顿"

🖐 **品牌标志**
在古董收藏品中以狮子和皇冠作为品牌标志（右图）

═══ 相关人物 ═══

约翰·道尔顿（John Doulton）
创始人，1793年出生，奠定了道尔顿发展的基础。以"有朝一日拥有自己的工厂"为目标，勤奋工作，终于在1815年实现了梦想。

亨利·道尔顿（Henry Doulton）
1820年出生，15岁时遵从自己的意愿放弃升学，进入Doulton & Watts公司当技术学徒。在卫生陶瓷领域，道尔顿有不可磨灭的功劳。

═══ 代表餐具 ═══

道尔顿陶器（Doulton ware）水瓶
施有盐釉的炻器（Stone ware）。盐釉炻器的调味料罐和水瓶等作为古董道尔顿陶器十分受欢迎。

彼得兔庄园（Bunnykins）
1934年发表，现在依然深受收藏家欢迎的儿童餐具系列。

为英国公共卫生事业的发展和培养陶瓷作家做出了贡献

1815年创立的皇家道尔顿，与其他英国陶瓷品牌有许多不同之处。与之前介绍的英国瓷厂不同，**它的创立地在英国伦敦，并为英国公共卫生事业的发展做出了贡献。此外，它还与艺术学校合作，出品了不少艺术家创作的陶艺作品（作家作品）。**虽然经典餐具系列并不多，但是如果了解陶器，就会知道它是一个很有深度的品牌。

1812年，后来成为皇家道尔顿创始人的约翰·道尔顿进入位于兰贝斯地区的一家陶器工厂工作。工作期间，厂长琼斯的遗孀提议让他成为合伙人，1815年他与工作伙伴瓦茨共同出资，在专门制造炻器（Stoneware）的兰贝斯地区创办了皇家道尔顿的前身——Doulton & Watts瓷厂。

自古以来，兰贝斯地区就是一个以制造陶器而繁荣的城市。19世纪，兰贝斯地区制造的耐腐蚀性盐釉陶器多见于水瓶、水杯等日用品和排水管。

道尔顿的崛起始于从英国政府获得大量生产排水管的订单。和巴黎在进行大改造之前卫生环境很差一样，道尔顿创立时期的伦敦也是一个卫生环境非常糟糕的城市。19世纪中期的伦敦市中心地区，大量劳动者从各地涌入，因为卫生服务跟不上导致霍乱大流行。

英国政府举起"卫生革命"的大旗，开始整顿上下水道。接到订单的道尔顿为了满足社会需求，开始大量生产卫生陶器，事业规模不断扩大。19世纪80年代到20世纪30年代后期还从事出口业务，例如，位于东京的旧岩崎宅邸的洗脸盆和马桶都是道尔顿制造的。

到了1854年第二代接班人亨利·道尔顿时期，为了让已经成为工业重镇的兰贝斯地区重新焕发艺术光彩，再次制造出美丽的陶瓷器皿，兰贝斯艺术学校成立。校长为了艺术学校的运营，向位于学校附近的道尔顿瓷厂求助，亨利答应了他的提议，并通过与艺术学校的合作让道尔顿从一家专门生产卫生陶器的公司成功转型为一家兼做艺术品的公司。

亨利聘用了很多艺术学校毕业的学生，**为了制作被称为"兰贝斯瓷器"（仅此一件）的陶艺家作品，**开始培养艺术家。说起陶艺家作品，在日式餐具中的茶陶领域很久以前这个概念就已经普及，但是在英国还是一个全新的概念。没有定额生产量，完全自由、个性化的设计作品在各届世博会上都获得了很高的评价。

在兰贝斯地区，至今依然能看到使用道尔顿制瓷砖的公司总部。当时道尔顿制造的如同艺术品的瓷砖，也被用在英国高级百货公司哈罗德（HARRODS）的内部装饰中。

哈罗德百货内使用的道尔顿瓷砖

☞ 深入探索

炻器（Stone Ware）p2

中欧、东欧、俄罗斯的陶瓷餐具

强大的哈布斯堡王朝、拥有广阔疆域的俄罗斯，每个国家都制造出了反映当时时代背景的陶器器皿。18世纪，奥地利以强大的哈布斯堡王朝的国力为靠山，带着对梅森的对抗意识，制造出了精致优美的瓷器。

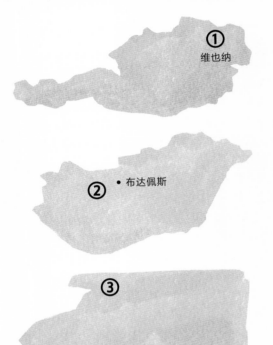

① 维也纳

② • 布达佩斯

③

• 莫斯科

> **🖎 特征**
> · 维也纳瓷厂、奥格腾瓷器①的餐具设计直接反映了当时维也纳的流行趋势
> · 民族性与高级感兼备的设计

浓缩了维也纳历史的瓷器

①Augarten（奥格腾）

发展有自己特色的中国式风格的世界

②Herend（赫伦海兰德）

①奥格腾"玛丽娅·特蕾莎"系列/②赫伦海兰德"维多利亚·捧花"系列

俄罗斯最古老的瓷厂

③Imperial Porcelain（皇家瓷器）

Imperial Porcelain（皇家瓷器）诞生于1844年，当时的俄罗斯处于罗曼诺夫王朝时代。皇家瓷器是在伊丽莎白一世彼得罗芙娜女皇的命令下建造的皇室专用瓷厂，也是俄罗斯历史上最古老的瓷厂。1925年到2005年，品牌名称为"LOMONOSOV"，到现在很多喜爱者依然这样称呼它。

另外，自1993年瓷厂转为民营化之后，开始向其他国家出口，在此之前瓷器流传到国外的数量非常稀少，仅被一部分收藏家所持有，代表作是1950年出品的"经典钴蓝网纹"（Cobalt Net）系列（上图）。

"芭蕾舞·吉赛尔"系列

👉 深入探索

奥格腾的历史中与梅森有关的人物再次登场 p90

通过修复其他瓷厂的瓷器提升自身技术！费舍尔的商业策略 p94

电影《哈利·波特》中出现的赫伦海兰德茶壶 p95

毕德麦雅风格 p170

裙撑同盟与七年战争 p214

启蒙思想 p217

维也纳体系 p226

Augarten

奥格腾

凝缩了维也纳历史的瓷器

☞ **创立**
1923年（维也纳瓷厂创立于1718年）

☞ **创立地**
奥地利/维也纳

☞ **品牌名称由来**
创立地

☞ **特征**
质地非常轻薄且光滑的白瓷，设计简约又高雅

☞ **代表风格**
洛可可风格、毕德麦雅风格

☞ **历史**

维也纳瓷厂

1718年　创立

1719年　成功烧制出瓷器，成为欧洲历史上第二古老的瓷厂

1744年　成为皇家瓷厂

1784年　在索根塔尔（Sorgenthal）男爵的经营下迎来鼎盛时期

1814—1815年　维也纳会议期间，各国王侯贵族造访工厂

1864年　瓷厂因经营不善而关闭

奥格腾

1923年　创立

1924年　瓷厂工坊开幕

☞ **品牌标志**
品牌标志是皇冠和哈布斯堡家族的盾形家徽

相关人物

杜·帕奎尔（Du Paquier）

维也纳瓷厂的创始人，本名克劳狄斯·英诺森提乌斯·杜·帕奎尔（Claudius Innocentius du Paquier），出生于荷兰，关于他的家族还有很多谜。

塞缪尔·斯托泽尔（Samuel Stölzel）

在梅森积累了丰富经验的工匠，与伯特格一起共事10年。被杜·帕奎尔从梅森"挖"到维也纳瓷厂，将制瓷方法推广到维也纳瓷厂。

索根塔尔男爵（Sorgenthal）

创造维也纳瓷厂全盛期的男爵，本名康拉德·索格·冯·索根塔尔（Conrad Sörgel von Sorgenthal）。他在任期间的1784年到1805年，诞生了许多其他瓷厂难得一见的使用奢华金彩的帝政风格设计。

代表餐具

Prince Eugene（欧根亲王）系列

1720年设计的最古老的纹饰之一，是献给为哈布斯堡帝国发展做出贡献的欧根亲王的瓷器。

勿忘草系列

19世纪初期出品的毕德麦雅风格系列。

欧洲历史上第二古老的瓷厂——维也纳瓷厂

创立于1923年的奥格腾瓷厂，其最大的贡献在于制造出质地轻薄且细滑的白瓷。拿在手里时的轻盈感、通透的轻薄感、使用时细腻的触感，光靠文字和照片远不足以感受它的魅力，有机会一定要触摸实物亲身体验。在设计方面，它在简约中自带高雅。众所周知，日本很多皇室成员都是奥格腾瓷器的拥趸，它突出了白瓷之美，其简约细腻的彩绘风格与日本人的审美意识有很多共通的部分。

虽然奥格腾是20世纪以后才正式创立的品牌，但**它制作了不计其数的"维也纳瓷厂"设计作品**，可以说它与维也纳瓷厂的历史有着不可分割的关系。在本书中，我们先对维也纳瓷厂的历史做更深一步的挖掘。

维也纳瓷厂创立于1718年。1744年，在哈布斯堡家族玛丽娅·特蕾莎的支持下成为皇家瓷窑。玛丽娅去世之后，索根塔尔男爵继承了经营权，在产业革命的冲击下大量生产的廉价品横行于世，索根塔尔故意反其道而行之，**以"质盛于量"来取胜**，走高级路线，制造帝政风格的镀金瓷器，一下子攫获了王侯贵族的心，大受欢迎。这些陶瓷餐具很多都属于博物馆收藏级别，如果有机会参观与维也纳瓷厂相关的展览，请一定要好好观赏实物。

遗憾的是，维也纳瓷厂因为经营不善陷入无法挽回的境地，于1864年关闭。此时，哈布斯堡王朝统治下的匈牙利赫伦海兰德瓷厂继承了它最出名的"维也纳玫瑰"（Wiener rose）系列，将其变成了现在的"赫伦海兰德维也纳玫瑰"（Vieille rose de Herend）系列。

经过60年的空白期，进入20世纪后，"维也纳瓷器工坊奥格腾"在维也纳郊外的奥格腾宫殿中创立。此时，在股东和奥地利艺术产业博物馆（现在的奥地利应用美术馆）的支持下，奥格腾继承了博物馆中收藏的维也纳瓷厂的作品，因此，在奥格腾出品的瓷器中可以看到很多维也纳瓷厂的设计。

学院（Collge）系列
设计于1798年索根塔尔时期的复制品

📖 **深入探索**

奥格腾的历史中
与梅森相关的人物再次登场

讲述维也纳瓷厂的历史时，最令大家感到惊讶的是与梅森历史有关的人物接二连三地出现，
他们都是谁呢？

伯特格的同事塞缪尔·斯托泽尔

维也纳瓷厂的创始人是军人出身的杜·帕奎尔，他创立工厂的初衷只因心里的一个念头，他认为今后将是瓷器的时代。为了能在奥地利境内独家销售和制造瓷器25年，他申请获得特权许可，在维也纳创立了瓷器工作室。

杜·帕奎尔为了制造瓷器，计划从梅森招聘工匠，他成功接触到在梅森与伯特格一起工作了10年的同事塞缪尔·斯托泽尔。斯托泽尔在梅森负责坯泥的调配和烧窑，当他接到支付给他的高于梅森十倍的薪水，并且免费提供住所和设备的充满诱惑的信件时，义无反顾地投奔了帕奎尔。尽管当时伯特格身患重病，他还是选择与帕奎尔联手，签订了合作协议。

在斯托泽尔的帮助下制造瓷器的方法和材料得以完善，顺利烧制出成品。之后更成功开发出漂亮的彩色颜料，其中心人物是早一步从梅森聘请来的"窑人"（游走于各个瓷厂的匠人）亨格尔。由此开始，维也纳瓷厂可以用比梅森更多的颜色进行彩绘。

维也纳瓷厂的技术发展十分顺利，但由于杜·帕奎尔过于追求理想化，导致理想和现实相差甚远，逐渐引起斯托泽尔的不满。再加上工厂狭小，劳动力不够成熟，约定好的报酬也未能支付……这些因素都令他产生了返回老家梅森的想法。

被当作伴手礼的天才彩绘师海洛特

但是，将瓷器制法的秘密泄露给维也纳瓷厂，这在梅森看来是叛徒的行为，甚至有被判死刑的危险。为了向梅森的奥古斯特二世表明自己有反省和悔改之意，斯托泽尔趁半夜潜入维也纳瓷厂，弄脏了调和好的黏土，彻底破坏了铸造模具，最后连瓷厂也一并毁掉。

不仅如此，斯托泽尔还偷走了亨格尔发明的秘密彩色颜料，并唆使维也纳瓷厂的天才彩绘师海洛特一起加入梅森，没错，海洛特成了斯托泽尔安全回到梅森的"伴手礼"。关于海洛特在梅森的非常成就，可以参看之前介绍梅森的章节。

被梅森抢走优秀人才的维也纳瓷厂从此一蹶不振，彷徨不觉之间杜·帕奎尔的25年合约到期，只能将瓷厂卖给国家。从1744年开始，由神圣罗马帝国的哈布斯堡家族运营瓷厂，直到瓷厂关闭的1864年之间，维也纳瓷厂一直归哈布斯堡家族所有。

为了明哲保身不惜动用一切手段，堪称"变色龙"的斯托泽尔、随波逐流的亨格尔、冷酷的天才海洛特，再加上患有"瓷器病"的奥古斯特二世，梅森和维也纳瓷厂怎么会聚集了一群如此充满戏剧性的人物呢！

1．维也纳瓷厂1725年的作品。
／2．梅森1725—1740年间的作品。／3．由于海洛特的加入令梅森的彩绘技术有了质的飞跃。／4．索根塔尔时期的维也纳瓷厂制造了大批镀金的帝政风格作品。／5．1799年维也纳瓷厂的作品。／6．上述所有作品全部收藏在意大利佛罗伦萨皮蒂宫（Palazzo Pitti）内庭院的陶瓷器博物馆内。在这里可以欣赏到欧洲贵族定制并捐赠给托斯卡纳大公的陶瓷收藏品。

Herend

赫伦海兰德

独自发展起来的中国式风格的世界

✍ 创立
1826年

✍ 创立地
匈牙利/赫伦海兰德

✍ 品牌名称由来
创立地

✍ 特征
独特的东方设计，款式丰富，至今依然采用全手工制造

✍ 代表风格
中国式风格、洛可可风格、毕德麦雅风格

✍ 历史
1826年　创立工坊。创立初期主要制造奶油色陶器
1839年　莫尔·费舍尔（Mór Fischer）成为经营者
1851年　开始制造瓷器
1864年　维也纳瓷厂关闭。赫伦海兰德继承了"维也纳玫瑰"等设计
1872年　获得"皇家御用"称号

相关人物

莫尔·费舍尔（Mór Fischer）

具有极高商业眼光的经营者，让赫伦海兰德成为不朽品牌的功臣，将赫伦海兰德从制陶厂转变为制瓷厂。

代表餐具

罗斯柴尔德鸟（Rothschild Oiseaux）

19世纪40年代后期，罗斯柴尔德家族定制系列

维多利亚女王（Victoria Bouquet）订购系列

1951年在巴黎世博会展出期间被维多利亚女王订购的系列。描绘着具有东方风情的花鸟图案。

创立初期的设计至今依然畅销

赫伦海兰德在日本也有很高的人气，属于在很多百货商店都能买到的最具代表性的西式陶瓷餐具品牌。**由品牌的中兴之祖莫尔·费舍尔（Mór Fischer）开创的5款代表作经久不衰，至今依然畅销。另外，它擅长将中国式风格与古典风格相结合的设计，并且在修复品制造方面拥有高超的技术。**

1826年，赫伦海兰德瓷厂在匈牙利海兰德村创立。匈牙利是一个充满异域风情的国家，**从民族上来说，它也是中欧地区唯一一个亚洲民族（马扎尔人）国家**，在阿加莎·克里斯蒂的小说《东方快车谋杀案》中，一对匈牙利伯爵夫妇被特意描写得充满异国情调。我个人认为，赫伦海兰德出品的中国式风格瓷器之所以比其他瓷厂更加大放异彩，也是因为有被称为东洋民族的匈牙利作为背景的关系。

1840年，赫伦海兰德开始制造瓷器，从一间不起眼的工坊一跃成为顶级品牌，这完全要归功于莫尔·费舍尔。本书中出现过的**"罗斯柴尔德鸟""维多利亚女王""维也纳玫瑰""印度之花""阿波尼"系列**，均诞生于莫尔·费舍尔时期。他曾自豪地表示，自己才是赫伦海兰德的创始人。

赫伦海兰德的成功源于1851年在英国举办的第一届伦敦世博会，赫伦海兰德得到幸运之神的眷顾，展出的陶瓷餐具被维多利亚女王相中。中国式风格的晚宴餐具一下子俘获了女王的心，被装点在温莎城堡的餐桌上，女王选中的正是那款"维多利亚女王"系列。

当时英国流行下午茶文化，正处于洛可可风格复兴的女性化餐具时代。王公贵族们对中国式风格的追捧渐退，此时，出现了融合了东西方灵感的、匈牙利特有的中国式风格设计，这种崭新的设计风格令人耳目一新。

之后，掀起新旋风的**赫伦海兰德的中国式风格，已经不能单纯地算作一种艺术风格，确切地说它创造出了风格独特的世界观**。此外，有一段时期赫伦海兰德还从事修复和复制其他瓷厂的瓷器的工作，因为有这段历史，所以在它的设计中能看到很多洛可可风格。至于为什么赫伦海兰德还擅长毕德麦雅风格，那是因为哈布斯堡王朝的历史是以维也纳为中心展开的，所以也与这段历史有关。

"维多利亚女王"系列（右前）和"献贡的官吏"瓷偶（左后），官吏指中国清朝的官员。

🖎 深入探索

通过修复其他瓷厂的瓷器提升自身技术！费舍尔的商业策略p94
电影《哈利·波特》中出现过的赫伦海兰德茶壶p95

通过修复其他瓷厂的瓷器提升自身技术！费舍尔的商业策略

费舍尔加入了最初制造奶油陶器的赫伦海兰德瓷厂，天生具有企业家精神的他，充分发挥自己的商业才能，采用新策略让赫伦海兰德开始迅速发展。

1840年赫伦海兰德开始制造瓷器，4年后迎来了其历史上最大的转机，费舍尔的资助人埃斯特·哈希伯爵（Ester Házy）委托费舍尔将伯爵夫人最喜爱的梅森晚宴餐具套装复制补齐。

在欧洲，贵族们使用的陶瓷餐具是代代相传的传家宝。但是，陶瓷餐具在使用中难免破损，19世纪中期正是欧洲大陆其他瓷厂陷入经营低潮的时期，即使委托祖先当时购买瓷器的瓷厂重做也无济于事，因为技术力下降，谁也无法重现18世纪老古董的风姿。

在这样的时代背景下，面对要复制瓷器领域的王者梅森瓷器这种委托，对费舍尔来说无疑是巨大的挑战。才开业几年的瓷器小作坊，要复制历史悠久拥有最高品质的梅森瓷器，并且必须做到天衣无缝，费舍尔顶着巨大的压力，经过反复实验，终于成功解决了这个难题。

海兰德制品的高完成度在王侯贵族们中大获好评，同时制作补充用陶瓷餐具的订单也源源不断地涌来。委托人有列支敦士登大公、克莱门斯·梅特涅（奥地利著名外交家）等重量级人物。而且委托复制的品牌除了梅森之外还有维也纳、赛弗尔、中国瓷器等，都是清一色的高难度制品。赫伦海兰德瓷厂在承受巨大压力的同时，仍然将高难度的复制品成功再现，满足了客户的需求，正是这一理由让它作为瓷厂新贵在短时间内采用了与历史悠久的老牌瓷厂相匹敌的、高超的制造技术。

此外，为了进一步扩大王侯贵族和富裕阶层的订单，费舍尔制造了"罗丝柴尔德"、"维多利亚女王"、"阿波尼"等用订购者名字命名的系列产品，这一商业策略大获成功。那些订购者用现在的话说就像"网红"，其自身巨大的影响力直接带动了市场，费舍尔的商业策略可以说是市场营销的先驱。

文化 | ## 电影《哈利波特》中出现的赫伦海兰德茶壶

在《哈利·波特》系列的衍生作品、电影《神奇动物在哪里》中，故事的后半部分，在重要场景的道具中出现了赫伦海兰德"阿波尼绿色"（Apponyi Green）茶壶。

主人公斯卡曼德为了抓住魔法生物奥卡米而设置了陷阱，他在"阿波尼绿色"茶壶中放入一只蟑螂，成功将其捕获。赫伦海兰德为电影制作了名为"哈利·波特绿色"的茶壶挂饰作为纪念。

在以20世纪20年代装饰主义风格为背景的电影中，出现了充满东方色彩的古典设计"阿波尼绿色"茶壶格外引人注意，再看电影时请一定要留意一下。

茶壶旋钮部分设计得非常纤细。照片中是"Apponyi Mauve Platinum"系列。

北欧的陶瓷餐具

进入20世纪，在北欧诞生了风靡世界的实用性与艺术性兼具的斯堪的纳维亚设计（Scandinavian design），至今在日本依然具有超高人气。为了让人们在漫长而寒冷的冬天也能拥有阳光明媚的好心情而设计出的陶瓷餐具，有着即使长期使用也不会令人厌倦的魅力。

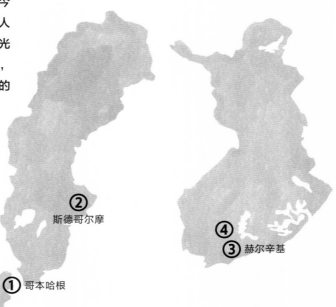

② 斯德哥尔摩

④

③ 赫尔辛基

① 哥本哈根

> ☞ **特征**
> ·简约，兼具功能性和实用性的设计
> ·白瓷大多有一定厚度
> ·可以放在烤箱里使用的器皿种类很多
> ·受吸收合并的影响，同样的设计由不同品牌负责的情况也有很多

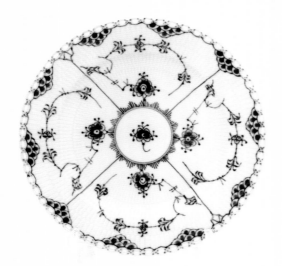

凭借钴蓝色而名声大噪的北欧品牌

①Royal Copenhagen（皇家哥本哈根）

斯堪的纳维亚设计的鼻祖

②Rorstrand（罗斯兰）

最有名的北欧陶瓷餐具

③Arabia（阿拉比亚）

传承北欧陶瓷餐具的设计特色

④iittala（伊塔拉）

1.皇家哥本哈根"唐草全花边"（Blue Fluted Full Lace）。/2. 罗斯兰"Monamie"系列。/3.阿拉比亚"硕果乐园"（Paratiisi）系列。/4.伊塔拉"缤纷盛宴"（Origo）系列。

历史 | **不断吸收合并的陶瓷餐具品牌**

　　本章介绍的大部分北欧品牌都隶属于芬兰企业费斯卡（Fiskars）旗下。费斯卡1649年创建于芬兰的费斯卡村，创立初期为普通消费品制造商。如今它旗下拥有多个品牌，不仅有北欧品牌，还包括英国的威基伍德。

　　2019年在日本心斋桥大丸百货店内"威基伍德｜皇家哥本哈根｜伊塔拉 大丸心斋桥店"开业，这是费斯卡首次尝试设立三个品牌集合式直营店铺。在没有隔断的宽敞店内，可以自由欣赏三个个性不同的品牌，这是旗下拥有多种陶瓷餐具品牌的费斯卡才能办到的，是非常有趣的尝试。

　　进入21世纪，西式陶瓷餐具业界接连出现吸收合并的情况，特别是英国的陶瓷品牌尤为显著。由于被吸收合并，出现了生产地不再是品牌创立地的情况，这令喜爱陶瓷餐具的粉丝们感到失落，我个人也对这样的状况抱有十分复杂的感受。尽管如此，为了让数十年乃至数百年以来深受人们喜爱的陶瓷餐具设计能够长久地传承下去，还是希望能摸索出顺应时代的品牌延续方式。

　　我们能做的事情很有限，但还是希望把这些陶瓷餐具的魅力传达给更多人，让他们继续使用，让陶瓷行业代代流传。

旗下拥有陶瓷餐具的品牌（到2022年3月止）

Fiskars集团

皇家哥本哈根Royal Copenhagen（丹麦）

阿拉比亚Arabia（芬兰）

伊塔拉iittala（芬兰）

威基伍德Wedgwood (英国)

皇家阿尔伯特Royal Albert（英国）

Portmerion集团

波特美林PORTMEIRION（英国）

皇家伍斯特Royal Worcester（英国）

斯波德Spode（英国）

☞ 深入探索

路易莎·乌尔莉卡p103

斯堪的纳维亚设计p108

Royal Copenhagen

皇家哥本哈根

凭借钴蓝色而大受欢迎的北欧品牌

☛ **创立**
1775年

☛ **创立地**
丹麦/哥本哈根。现在被费斯卡
（Fiskars）集团收购

☛ **品牌名称由来**
创立地

☛ **特征**
蓝与白，适用于各种料理摆盘，
实用性很高

☛ **代表风格**
日本主义风格、新艺术风格

☛ **历史**
1775年　丹麦第一个"丹麦瓷器工厂"创立（创始人弗朗茨·海因里希·
　　　　穆勒）
1779年　国王购买了全部股份，宣告它成为"丹麦皇家瓷器工厂"
1790年　发表了"丹麦之花"（Flora Danica）系列
1868年　皇室以保留"皇家"称号为条件将瓷厂出售给民间（The Royal
　　　　Copenhagen Manufactory）
1885年　启用了设计师阿诺德·克罗格（Arnold Krog）
2013年　被费斯卡（Fiskars）集团收购

☛ **品牌标志**
在曾经代表皇家御用的皇冠标志的旁边，有三条波浪线代表围绕丹麦的三座主要海
峡。

☛ 相关人物 ☚

朱丽安·玛丽（Juliane Marie）

创立时期的领军人物。出生于
德国，本名Juliane Marie von
Braunschweig。

拜尔（Johann Christoph Bayer）

活跃于19世纪后期的德国画家、
陶艺家。他被邀请到哥本哈根
为植物图鉴《丹麦之花》绘制花
卉插画。1776年开始在丹麦瓷器
工厂工作。

阿诺德·克罗格（Arnold Krog）

将日本主义风格带到北欧的建筑
师和设计师。被100年前的"唐
草"（Blue fluted）纹饰深深吸
引，利用釉下彩的技术成功复活
了唐草纹饰。

代表餐具

平边唐草系列(Blue fluted plain)

唐草的意思是"纵纹、勾雕"，在
容器的边缘有凹槽雕刻。是以中
国的青花盘为原型的，原稿是梅
森的设计。

丹麦之花（Flora Danica）

1790年作为献给俄国女皇叶卡捷
琳娜二世的礼物而制造的。被称
为"世界上最奢华的晚宴餐具"。

因日本主义而复活的丹麦最初的瓷器工厂

皇家哥本哈根是在日本拥有众多粉丝的西式陶瓷餐具品牌，它的设计特征就是由**中兴之祖阿诺德·克罗格重现的青花餐具**。他制造了很多充满日本主义风格时期的乳白色瓷偶，被誉为**北欧日本主义风格的领军人物**。

1777年，在丹麦国内，药剂师穆勒首次成功烧制出瓷器。1775年，他创立了丹麦第一间瓷器工厂。4年后获得王后朱丽·玛丽的资助，成为"丹麦皇家瓷器工厂"。

瓷器成功造造的秘诀是因为在国内找到了烧制瓷器的原材料。1755年，在属于丹麦领土的博恩霍尔姆岛上发现了高岭土，1773年在挪威（当时的挪威受丹麦统治，名为丹麦-挪威联合王国）发现了蓝色原料钴蓝，由此国内生产瓷器的体制完全成型。

19世纪前期，丹麦一直和法国保持同盟关系，因为与拿破仑是命运共同体，所以最终成为战败国，国力由盛转衰，国家财政破产。由于无法继续维持瓷厂经营，**1868年以保留"皇家"称号为条件将瓷厂出售给民间**，如今虽然不是皇家瓷厂但仍然冠以"皇家"称号也是因为这个原因。

成为民间瓷厂之后，丹麦代表设计师阿诺德·克罗格的加入令瓷厂起死回生。现在的经典产品"唐草"系列，其实早在瓷厂创业初期就已经被设计出来，因为人气不高后来被废弃。但是，阿诺德注意到在巴黎世博会上掀起的日本主义潮流，他意识到"如果是现在，这个设计肯定会被世人接受！"，为了完美展现出唐草的价值，他开发出釉下彩技法，让唐草系列作为晚宴餐具成功复活。

阿诺德·克罗格十分有远见，复古又新颖的"唐草"系列一问世瞬间好评如潮。后来还推出了衍生版：将唐草图案的一部分

扩大之后采用现代设计的"大唐草"（Blue fluted mega）系列也深受大众喜爱。如今，唐草设计依旧在不断升级进化中。

绣球花
新艺术风格时期诞生的作品，采用釉下彩技术，是呈奶白色半透明带有融化感的花樽

大唐草
底款也使用大号图案，诙谐有趣

👉 **深入探索**

德国的七大名窑p41
斯堪的纳维亚设计（Scandinavia）p108
新艺术风格（Art Nouveau）p186

Rörstrand

罗斯兰

斯堪的纳维亚设计的鼻祖

创立
1726年

创立地
瑞典/斯德哥尔摩·Rörstrand（罗斯兰城堡）

品牌名称由来
创立地

特征
实用性与艺术性结合的设计

代表风格
斯堪的纳维亚设计

历史
1726年　创立
1873年　在芬兰设立阿拉比亚制陶所
1984年　被阿拉比亚收购。同样被阿拉比亚收购的古斯塔夫伯格（Gustavsberg）制陶工厂与罗斯兰合并（罗斯兰·古斯塔夫伯格）
2001年　被伊塔拉收购

品牌标志
使用曾经象征皇室御用的王冠标志

相关人物

约翰·沃尔夫（Johann Wolff）
创始人，德国出生的陶瓷工匠。在创立罗斯兰之前曾经在丹麦哥本哈根工作。为了重振瑞典经济，在瑞典政府的支援下创办了罗斯兰瓷厂。

代表餐具

Mon Amie（蓝蝴蝶）
1952年发表。特征是像四叶草一样的蓝色花卉图案。1980年曾经一度停产，2008年复刻。

Eden（伊甸园）
1960年发表。1970年曾一度停产，2016年因为粉丝投票排名第一而复刻。

北欧历史上最悠久的瓷器工厂

　　罗斯兰是北欧历史上最悠久的瓷器工厂。来自丹麦的约翰·沃尔夫获得政府的援助资金，在斯德哥尔摩的罗斯兰创立皇家御用瓷厂，开启了罗斯兰的历史。

　　当时，弗雷德里克一世统治下的瑞典，因为上一任国王发动了大北方战争（围绕着瑞典的霸权，周边数国参加的大规模战争，与奥古斯特二世也有关系）导致军事经费压迫了经济，国家几乎到了"濒死"的地步。

　　当王权继承至弗雷德里克一世之后，作为重新建立国力和财力的手段，他开始关注硬质瓷器。虽说如此，在欧洲第一个硬质瓷器（梅森）诞生的18世纪初，因为瓷器在丹麦几乎没有流通，对国力渐衰的瑞典而言，想要得到被称为"白色金子"的瓷器并非易事。因此，弗雷德里克一世对瓷器的印象是与东洋瓷器非常相似的荷兰代尔夫特陶器，在创立瓷厂时的招股意向书中曾记载"与代尔夫特陶的烧制方法相同"。

　　之后，瑞典的制瓷业迅速发展起来，罗斯兰也在19世纪后期发展成员工超过千人的现代化大工厂。再加上只靠国内生产无法满足市场需求，1873年又在邻国芬兰开设了新的陶瓷工厂，没错，那就是**"阿拉比亚制陶所"**。

　　19世纪末到20世纪初，当时流行法国风的彩釉陶器"Vineia"，如今作为古董也很受欢迎。随着工厂规模不断扩大，1926年搬到哥德堡，1936年又迁至利德雪平。

　　第二次世界大战后，响应瑞典工会提倡的"艺术家要涉足产业现场"的口号，众多陶艺家、设计师加入制瓷业，给陶瓷业带来新浪潮，这就是"斯堪的纳维亚设计"。罗斯兰也赶上了这个流行浪潮，**为了满足新时代的需求推出了设计风格简约的餐具，被大**众广泛接受，不仅是在国内受到热捧，出口带来的利润也相当可观。

1900—1920年"Vineia"盘子
（虽然底款是阿拉比亚，罗斯兰也只做了复刻品）

☞ 深入探索

阿拉比亚 p104
斯堪的纳维亚设计 p108

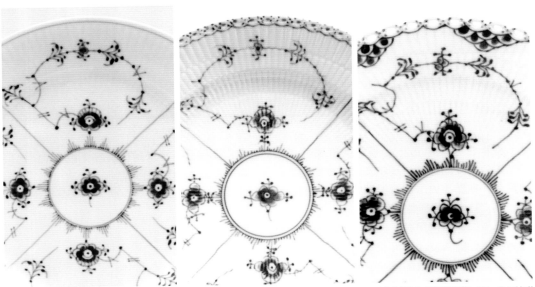

"唐草"（Blue fluted）大致分为三个种类。左起：1775年创立时诞生的"平边唐草"（Blue fluted plain）、优雅镶边设计的"半花边唐草"（Blue fluted half lace）、手工精细制作的穿孔设计"全花边唐草"（Blue fluted full lace）

左图：从右上开始顺时针依次为：白色半花边唐草、平边唐草、半花边唐草、全花边唐草。

右上图：唐草最初是梅森在18世纪前期参考中国的青花纹饰设计的蜡菊纹饰。18世纪后期，据说因为梅森经营衰退，故将该设计卖给了皇家哥本哈根。图为18世纪梅森出品的"蜡菊纹饰"。

右下图：从唐草纹饰衍生出很多种类和系列。很多小尺寸的器皿与日本料理搭配也相得益彰。

腓特烈二世（Frederick the Great）妹妹开启的瑞典洛可可时代

了解瑞典王后路易莎·乌尔莉卡之后，本书中原本只是点状的信息就会被串联起来。

被乌尔莉卡普及开来的洛可可风格·中国式风格·启蒙思想

腓特烈二世，也是KPM Berlin的创始人，与周边诸国的女皇们共同发动了七年战争。他的妹妹路易莎·乌尔莉卡在嫁给弗雷德里克一世之后成为瑞典王后，她是一位熟悉法国宫廷文化，修养与美貌兼备的女性。弗雷德里克一世将被称为"北欧的凡尔赛宫"的湖上宫殿——卓宁霍姆宫送给她作为结婚礼物，这座宫殿至今依然是国王夫妇居住的地方。

乌尔莉卡将宫殿内改造成洛可可风格，开设了沙龙，在瑞典传播了洛可可风格和启蒙思想。她热爱艺术和陶瓷器，宫殿内设有她的瓷器收藏室，以及展示她在自然科学和历史方面造诣的图书室。被誉为"分类学之父"的博物学巨匠卡尔·冯·林奈，在此进行动植物和矿物质的研究。

另外，国王将位于宫殿旁边的中国离宫在她生日时作为礼物赠送给她，那是典型的洛可可时代的中国式风格建筑。室内设计的灵感来源于同时代的英国宫廷建筑师威廉·钱伯斯，他曾在瑞典的东印度公司工作。乌尔莉卡生下了瑞典国王古斯塔夫三世，他继位之后致力于进步的经济政策和文化活动，功绩之一是设立了瑞典文学院，文学院的设立与后来的诺贝尔奖密不可分。

"丹麦之花"的诞生受到瑞典博物学家林奈的影响

"丹麦之花"是将瑞典的林奈视为竞争对手而诞生的。"丹麦之花"诞生于1790年，作为献给俄罗斯女皇叶卡捷琳娜二世的晚宴餐具套装，当时的丹麦王储要求将《丹麦之花》图鉴上所有的植物都绘制在瓷器上。在当时，瓷器是汇聚了最尖端技术的国家权威的象征。

丹麦为什么要向俄罗斯女皇赠送"丹麦之花"呢？起因是1788—1789年爆发的俄瑞战争。俄罗斯帝国发动战争，一方面获得胜利的古斯塔夫三世从此名声大振，另一方面作为俄罗斯同盟国的丹麦却因未能在此次战争中大展拳脚而懊悔不已。为了在俄皇面前展现自己的优点，挽回自己的形象，就有了这套晚宴餐具的诞生。

同为北欧国家的丹麦，想要与林奈抗衡，送给叶卡捷琳娜二世的礼物毫无疑问就是"丹麦之花"。

陶瓷器皿的基础知识

世界各地的西式陶瓷餐具

从艺术风格了解西式陶瓷餐具

西式陶瓷餐具与世界史

西式陶瓷历史上的重要人物

陶瓷餐具的使用方法

Arabia
阿拉比亚

非常知名的北欧餐具

创立
1873年

创立地
芬兰/赫尔辛基郊外的阿拉比亚大街。现在被费斯卡（Fiskars）集团收购

品牌名称由来
创立地

特征
实用性很高的设计

代表风格
斯堪的纳维亚设计

历史
1873年　创立
1916年　从罗斯兰独立出来
1945年　卡伊·弗兰克（Kaj Franck）加入公司，隔年就任艺术总监
1984年　收购罗斯兰
1990年　被Hackman集团收购
2007年　成为费斯卡（Fiskars）集团的下属公司
2016年　关闭芬兰的工厂

相关人物

伯格尔·凯彼艾农（Birger Kaipiainen）

17岁进入赫尔辛基艺术和工艺学校，毕业的同时才华得到赏识，进入阿拉比亚公司作为艺术部门的设计师开始从事创作。代表作是"硕果乐园"，属于连陶器的形状都做了设计的稀有作品。

代表餐具

硕果乐园（Paratiisi）

伯格尔·凯彼艾农（Birger Kaipiainen）于1969年推出的系列，Paratiisi在芬兰语中的意思是"乐园"。

姆明（Moomin）

"姆明"的设计最初源于卡伊·弗兰克设计的"Teema"马克杯上的图案。

始于罗斯兰的子公司，之后逆转

1873年，阿拉比亚作为罗斯兰的子公司"阿拉比亚制陶所"，在位于芬兰首都赫尔辛基郊外的阿拉比亚创立。

为什么创立于瑞典的罗斯兰会在芬兰开设子公司呢？其实，芬兰在12—19世纪很长一段时间里归属于瑞典，但阿拉比亚公司创立的时候，芬兰正处于俄罗斯的统治之下，罗斯兰计划以芬兰为跳板进军俄罗斯市场。

阿拉比亚创立初期，主要制造简单的白瓷，由来自罗斯兰的彩绘师负责绘图，是名副其实的罗斯兰的子公司。后来，通过接受名门家族的订单，以限量生产和目录销售等方式逐渐崭露头角。几年后，芬兰陶瓷器皿生产量的一半都来自阿拉比亚，成为**20世纪北欧规模最大的陶瓷制造商**。

之后，欧洲开始重新审视作为各个民族身份的艺术，阿拉比亚也受其影响，追求自己独特的表达方式。1916年，阿拉比亚从罗斯兰独立出来，成为芬兰最具代表性的陶瓷制造商。

被称为**"芬兰设计良心"的著名设计师卡伊·弗兰克的加入**，成为令阿拉比亚有了划时代发展意义的最大契机。他于1945年进入阿拉比亚设计部工作，从此开启了阿拉比亚的黄金时代。

1945年，第二次世界大战刚刚结束，卡伊·弗兰克于1946年就任艺术总监，他最先开始摸索的就是如何在战败国芬兰去丰富战伤未愈的百姓的餐桌。

将此想法付诸实践的便是1953年发售的"琦尔塔"（Kilta）系列，它没有丝毫多余的装饰，功能性和实用性兼备，一经发售立刻迎来爆发性的人气度，成为传奇般的长期畅销商品。"琦尔塔"现在已经更名为**"Teema"，并成为伊塔拉最具代表性的系列之一**。

1984年，阿拉比亚的地位与创立初期的总公司罗斯兰发生了逆转，甚至发展到可以将罗斯兰纳入旗下的程度。

1990年，阿拉比亚与伊塔拉一起被Hackman集团收购。Hackman集团后来更名为伊塔拉，于2007年成为费斯卡集团的下属公司。

后来，随着世界形势的变化和全球化的影响，阿拉比亚最终在2016年关闭了芬兰的工厂，阿拉比亚的所有商标都归费斯卡集团所有，阿拉比亚作为公司已经不复存在。如今，其产品主要在泰国和罗马尼亚等地生产。

琦尔塔（Kilta）
现在以"伊塔拉"（iittala）的名称销售

☞ **深入探索**

罗斯兰p100
伊塔拉p106
斯堪的纳维亚设计p108

iittala

伊塔拉

继承北欧品牌设计风格的陶瓷餐具

📖 创立
1881年

📖 创立地
芬兰/伊塔拉村 现在归入费斯卡（Fiskars）集团旗下

📖 品牌名称由来
创立地

📖 特征
具有较高的功能性和设计性的玻璃餐具，继承了阿拉比亚和罗斯兰等品牌的简约风格

📖 代表风格
斯堪的纳维亚设计

📖 历史
1881年　创立
1917年　以卡勒胡拉－伊塔拉（Karhula-iittala）为名开始制造工业用玻璃制品
1920～1930年代　扩大事业版图，开始制作艺术类商品
1987年　被Nuutajarvi玻璃工厂的大股东、瓦锡兰（Wärtsilä）公司收购，更名为"iittala-Nuutajarvi"
2003年　归入Hackman集团旗下
2004年　Hackman集团将其改名为"伊塔拉"（iittala）
2007年　归入费斯卡集团旗下

📖 品牌标志
品牌标志中"i"的细长部分代表玻璃工匠所持的吹管，圆点代表挑在吹管头上的玻璃材料，包裹住"i"的圆圈代表烧窑中的火焰。

═══ 相关人物 ═══

卡伊·弗兰克（Kaj Franck）
被称为"芬兰设计良心"的著名设计师，作为伊塔拉和阿拉比亚的艺术总监而闻名世界，两个品牌都分别有出自他手的餐具系列。

═══ 代表餐具 ═══

Aino Aalto
设计于1932年，以设计师的名字命名。

Teema
卡伊·弗兰克设计的代表系列。到2005年为止作为阿拉比亚旗下的商品以"Kilta"的品牌名称销售。

陶瓷器皿的基础知识

世界各地的西式陶瓷餐具

从艺术风格了解西式陶瓷餐具

西式陶瓷餐具与世界史

西式陶瓷历史上的重要人物

陶瓷餐具的使用方法

始于玻璃工坊的陶瓷工厂

伊塔拉和阿拉比亚的商品很多时候都被摆放在同一个柜台中，虽然它们是两个完全不同的品牌，但总是被混淆。这也是情有可原的，因为伊塔拉和阿拉比亚现同属于一个集团。

1881年，伊塔拉在芬兰南部的伊塔拉村，由原本是玻璃工匠的瑞典人彼得·马格纳斯·亚伯拉罕森（Petrus Magnus Abrahamsson）创立。换言之，**伊塔拉最初是作为一间玻璃工坊诞生的**。伊塔拉代表系列"Teema""Origo"（缤纷盛宴）等，原本是由阿拉比亚公司和罗斯兰公司生产的。在伊塔拉与阿拉比亚合并之后，设计转移到伊塔拉。在这里，我特意将要介绍的内容限定在伊塔拉的玻璃制造领域。

伊塔拉创立之初，因为芬兰的玻璃吹造工匠人手不足，不得不借助来自瑞典的劳动力。1917年，被卡勒胡拉（Karhula）玻璃工厂所属的材料公司奥斯龙（Ahlstrom）收购，直到1950年一直使用"卡勒胡拉－伊塔拉"（Karhula-iittala）这个名字，最开始主要制造用于化学实验和油灯等的瓶子。

在这期间，从20世纪20年代到30年代，伊塔拉将事业扩大，开始制作更具实验性和艺术性的商品，其中一个成功的例子就是起用了阿尔瓦·阿尔托（Alvar Aalto）和艾诺·阿尔托（Aino Aalto）夫妇。

在第二次世界大战中，由于原材料和劳动力严重不足导致生产停滞，直到战争结束后的1946年才重新恢复生产。从20世纪50年代到60年代，伊塔拉迎来了玻璃制品的黄金期。

但是，受20世纪70年代中期石油危机的影响，伊塔拉再次遭遇制造危机。1987年，伊塔拉被Nuutajarvi玻璃工厂的大股东瓦锡兰（Wärtsilä）公司收购，瓦锡兰将伊塔拉与Nuutajarvi合并，成立了"iittala-Nuutajarvi"。

1990年，iittala-Nuutajarvi被Hackman集团收购。Hackman集团在2003年将其名称改为"伊塔拉"。2007年，伊塔拉归入费斯卡集团旗下直到现在。

如今，伊塔拉90%的玻璃制品依然由伊塔拉村的自家工厂生产。秉承着**"制造最纯粹的绽放光彩的玻璃器皿"**的理念，生产的玻璃制品完全不使用对人体和环境有害的铅，它充分发挥了北欧人热爱大自然、与大自然共生的精神，并受到世界各地喜爱它的人的支持。

Origo缤纷盛宴系列
原本是由罗斯兰发布的系列。色彩斑斓的圆圈是它最显著的特征

🔖 深入探索

罗斯兰p100
阿拉比亚p104
斯堪的纳维亚设计p108

充满20世纪50年代味道的斯堪的纳维亚设计

北欧陶瓷餐具中随处可见的斯堪的纳维亚设计，
诞生、发展于什么样的时代？

在美国人气爆发之后反向进口

20世纪50年代是被称为"The Fifties"的时代，美国作为第二次世界大战的战胜国一片生机盎然。由于美国本土并未遭受战争迫害，大量复员士兵从战场归来，《退伍军人权利法案》（G.I. Bill）带来的退休金如雨露般滋润了整个美国。已婚者大兴土木建造自己的房子，新婚夫妇生养孩子，未婚者重返校园，他们像要找回因战争而停滞的装饰艺术时代的娱乐一般，在20世纪50年代重新延续纸醉金迷、声色犬马的梦。

就这样，美国人一边穿着牛仔裤和常春藤联盟款式的衣装，一边不断购买汽车和电视等工业产品。也正是在此时，北欧设计中的斯堪的纳维亚设计引起了人们的关注，既具备功能性又带给人一种温暖感觉的斯堪的纳维亚设计，撩动了北欧裔美国人的思乡之念。北欧设计因为在美国热销后被反向进口，随之在北欧各国也人气飙升。

斯堪的纳维亚设计的特征——简约与艺术性的融合

斯堪的纳维亚设计的特征在于它既是摒弃了多余装饰性的简约的工业产品（product），同时又具有艺术性（art）的设计。出色的人体工学、简单易用的现代主义设计，在20世纪50年代的美国十分流行，它被称为"世纪中期现代主义（Mid-century Modern）"。现在依然深受人们喜爱的伊姆斯椅就是代表作品之一。

无论是世纪中期现代主义，还是斯堪的纳维亚设计，它们的共同点在于既是具备功能性的工业产品，同时又具备如同艺术作品般的设计性。世纪中期现代主义倡导的是时尚都市设计，多采用流行的明快的主题颜色。与之相对应，斯堪的纳维亚设计用木材的温和质感呈现丰富的自然环境，采用让人联想到大自然所带来的温暖从而获得内心平静的主题颜色，这是它们不同的地方。但无论哪一种设计都是在同一个时代氛围中形成的，所以从小物件到家具、照明设备等都很易于相互搭配。

北欧设计在20世纪50年代大受欢迎的原因

到底是什么原因让北欧的设计产品在20世纪50年代大受欢迎呢？

这算是一个悖论，起因是到20世纪50年代为止，北欧各国皆因为国力不足而未能赶上19世纪欧洲兴起的工业革命，从而无法实现工业化。

北欧各国自古以来都不算丰饶之地，因为资源开发滞后，几乎没有殖民地。丹麦在19世纪后期的普丹战争中战败，富饶的土地被剥夺，遭受了巨大打击。即使进入20世纪，民众依旧被迫在北国严酷的自然条件中过着并不富裕的生活。而这样的环境却造就了他们为了生存不可或缺的灵巧的双手和勤奋的干劲儿，也孕育出了大家齐心协力共同生活的协作体制。

北欧人民经历的苦难历史和他们坚韧不拔的努力，终于在第二次世界大战之后的20世纪50年代得到回报。北欧诸国为了战后复兴，男女老少齐动员，向工业化迈进。为缓解双职工家庭负担的功能性产品，以及点缀家中的明亮色彩、狭小的居住环境中用"展示型收纳"作为艺术装饰的设计性产品，不断地被创造出来。

优秀的艺术家们构思的作品，在完善的协作体制下与工匠们实现联动，使得大量品质优良的工业产品得以生产出来。就这样，斯堪的纳维亚设计的商品作为丹麦获得外汇的途径用于市场营销，刚好得到了美国人民的支持，从而大获成功。

在北欧国家，有很多类似日语中的"休闲时光""慵懒的咖啡时间"等词汇。芬兰语中的"kahvitauko"，瑞典语中的"fika"、丹麦语中的"hygge"等，都是形容与知心的家人或朋友一起度过休闲自在的温馨时光的语句。北欧人一边致力于战后复兴，一边在繁忙的工作之余珍惜丰盈心灵的片刻时光。

日本战后重建时期，积极工作的员工们喜欢在小休时用有田烧和濑户烧的茶杯和茶盘喝茶解乏。而在北半球的另一边，斯堪的纳维亚设计的餐具也在背后默默支撑着那个时代北欧人的生活。

● | 日本的陶瓷餐具

20世纪前半叶，日本首次成功烧制出西式陶瓷餐具。为了显示本国能与欧美强国比肩而立，设计风格多迎合西方人的喜好，为了支撑"餐桌外交"，创造出很多显示国际权威的高格调餐具。

📖 **特征**
· 日本人喜爱的白瓷，大多追求轻、薄、收纳方便的特质
· 日西合璧，百搭的变化、丰富的设计

③
① ②东京
④

日本西式陶瓷餐具的先驱
①Noritake（则武）

感受日本美学的皇家御用瓷厂
②大仓陶园

①Noritake的"吉野樱花"（Yoshino）/②大仓陶园的"蓝玫瑰"

执着于Made in Japan

③NIKKO（日光）

1908 年，NIKKO（日光）诞生于日本硬质陶器株式会社。值得一提的是，它一直坚持"日本制"，从原材料制作开始，瓷器制造的所有过程都在石川县白石市品牌自己的工厂内进行，至今不变。

"SANSUI"（山水）系列诞生于1915年。在日本制造的瓷器中采用"垂柳纹饰"的只有"SANSUI"
图片提供：日本硬质陶器株式会社

日本第一个成功将骨瓷量产化的瓷厂

④Narumi（鸣海）

1946 年创立的鸣海制陶株式会社(Narumi)是一家位于名古屋是绿区鸣海町的陶瓷餐具制造商。作为日本第一个将骨瓷成功量产化的品牌，自 1965 年以来一直深受日本高级酒店和餐厅的喜爱。

"Milano"系列自1972年发售以来一直畅销至今
图片提供：Narumi（鸣海制陶株式会社）

🐾 深入探索

日本从何时开始制造西式陶瓷餐具p16
世界博览会p230
大正浪漫与白桦派p240
民艺运动p242

Noritake

则武

日本陶瓷餐具的先驱

👉 **创立**
1904年

👉 **创立地**
日本/爱知县名古屋市则武

👉 **品牌名称由来**
创立地

👉 **特征**
顺应时代需求的设计

👉 **代表风格**
新艺术风格、装饰艺术风格

👉 **历史**
1876年　森村市左卫门在银座创立了贸易公司"森村组"，其弟弟森村丰
　　　　在纽约创立了进口杂货店"日出商会"
1903年　成功烧制出白色硬质瓷器
1904年　创立了日本陶器合名会社
1981年　以"Noritake"作为品牌名称，将公司更名为Noritake Co., Ltd.

相关人物

森村市左卫门

出生于御用商人之家。对福泽谕吉的"如要取回流失海外的黄金，就要通过出口贸易赚取外汇"这一观点产生强烈共鸣，为了国家的利益，决定亲自经营海外贸易。

森村丰

比市左卫门小15岁的同父异母的弟弟，与市左卫门有着共同的梦想。1876年，市左卫门在银座创立"森村组"的同时只身前往纽约，创立了经营日本进口商品的"日出商会"。

代表餐具

Yoshino（吉野樱花）

以樱花名所吉野山命名。以1931年发表的"CYRIL"为雏形，经过历代设计师的改良加工传承下来的设计。

龙猫

应宫崎骏导演的要求，特意没有使用塑料而是用陶瓷制作儿童用餐具。是则武隐藏款人气商品。

凭借出口日本制陶瓷餐具为国家利益做贡献

用一句话形容则武就是"日本西式陶瓷餐具的先驱者"，也可以说是"日本国产品牌的先驱者"。**它不仅是西式陶瓷餐具品牌，更是第一个将目光对准海外的日本品牌。**

解开则武的历史绳索，一定连接着日本民间第一家日美贸易公司"森村组"。

创业者森村市左卫门青年期时，正值日本刚刚开国，从幕府末期过渡到明治初期。受福泽谕吉所说的"如要取回流失海外的黄金，就要通过出口贸易赚取外汇"这句话的影响，**市左卫门于1876年以出口贸易赚取外汇为目的创立了森村组。**

与哥哥有共同想法的弟弟森村丰只身前往美国，创立了**"日出商会"（森村组纽约店，后来更名为森村兄弟）**。主要售卖从日本寄来的陶瓷器皿和传统日本杂货，大受当地人欢迎。

在这样的时代中一定会迎来转机，那就是世界博览会。1889年，市左卫门和森村丰一起去巴黎考察，在巴黎世博会上展出的不计其数的制作精美的陶瓷器，带给他们强烈的震撼。此外，他们还参观了利摩日陶瓷工厂，在那里见识到了机械化、合理化的制作工序，以及陶瓷产品批量生产过程，这些画面都令他们意识到日本也需要建立这种批量生产的工厂。

在那个时代，森村组生产的商品多以花瓶、装饰盘子等装饰品为主。在纽约的森村丰得到了这样的建议："如果今后还继续经营陶瓷器皿的话，是否应该尝试专门制造餐具呢？但是餐具的底色必须是纯白的。"

其实，当时专属工厂生产的陶瓷素坯都是带青的灰色。但是，考虑到今后要在欧美市场销售，制造欧美人喜欢的纯白瓷器是无法回避的必经之路，于是他们开始致力于白色硬质瓷器的开发和研究，反复进行实验。1903年，他们成功烧制出瓷器，1904年设立了日本陶器合名会社，这便是现在株式会社Noritake Co., Ltd的前身。之后，在1914年成功制造出他们梦寐以求的纯白色餐具套装"SEDAN"，此时距离公司创立已经过了10年之久，可见**在日本制造受欧美欢迎的白瓷是一件多么困难的事。**

日本陶器合名会社在1981年将品牌名称改为"Noritake"，并将公司更名为株式会社Noritake Co., Ltd.。现在依然以诚信为原则，继续制造出更多精美的陶瓷餐具。

"花更纱"系列
柔和的线条配以美丽的波斯风格花卉纹饰，广泛受到各年龄层消费者的喜爱。拍摄协力：冈地舞

👉 深入探索

日本从何时开始制造西式陶瓷餐具p16
大仓陶园p114
世界博览会p230

大仓陶园

Okuratouen

感受日本美学的皇家御用瓷厂

创立
1919年

创立地
东京都大田区（旧蒲田区）
现在为神奈川县横滨市户塚区

品牌名称由来
创始人的名字

特征
大仓陶园独有的技术，感受日本
美学设计

代表风格
日式主题

历史
1919年 森村组、日本陶器合名会社成立（大仓和亲就任首任社长）
1932年 为日本驻美大使馆提供晚宴餐具
1950年 法人化，成为株式会社大仓陶园
1956年 将销售委托给日东陶器商会（现在的Noritake Tableware Co., Ltd.）
1960年 位于横滨的户塚工厂落成。迁移至现在的总公司和工厂
1974年 为京都迎宾馆改造时提供晚宴专用餐具
2005年 为京都迎宾馆提供皇室专用西洋陶瓷餐具
2008年 为北海道洞爷湖峰会提供晚宴专用餐具

品牌标志
品牌标志是在大仓家的家纹梅钵纹饰中加入 "Okura Art China" 的首字母 O、A、C
和 "OKURA"。

相关人物

大仓孙兵卫
创始人之一，1843年出生于江户
四谷的插画书屋。1876年，被森
村市左卫门的话"要让日本成为
与欧美比肩而立的大国，就要靠
贸易赚取更多的外汇。"深深打
动，作为一名普通员工进入森村
组工作。

大仓和亲
创始人之一，是大仓孙兵卫的长
子。庆应义塾大学毕业后进入森
村组工作，为日本陶瓷产业基础
的确立做出了巨大贡献。

代表餐具

蓝玫瑰
1928 年诞生的大仓陶园的代表系
列。采用大仓陶园独有的上釉技
法——冈染，令在釉药上绘制的
纹饰呈现出晕染的质感。

色茚
这个系列采用大仓陶园独有的技
法——漆茚。将漆作为黏着剂令
颜料固定，颜料在烧制的过程中
逐渐渗透到釉面中，呈现出与众
不同的深邃色调。

至今依然承袭着"精品之上有精品"的经营理念

大仓陶园是**日本最具代表性的皇室御用西式陶瓷餐具品牌**。创立初期，生产的几乎都是特别定制的产品，他们的顾客有三井家族、岩崎家族等实业家，也有德川家族、毛利家族等旧大名，而最为热衷的要数天皇一家，首当其冲的就是来自昭和天皇的弟弟高松宫和大正皇后贞明皇后的订单。为什么大仓陶园备受这些要人的喜爱呢？

大仓陶园于1919年创立，当时日本的宫廷晚宴主要使用进口自欧洲的一流陶瓷餐具，也就是说，在招待外国贵宾时使用的也是欧洲制造的餐具。但是，餐桌外交的潜规则是：招待国宾时使用的晚宴餐具即代表本国，因此，作为国际交流的一环，此时使用进口餐具并不稳妥。

创始人大仓孙兵卫对日本没有本国制造的招待国宾专用的陶瓷餐具这一事实感到担忧。为了日本今后迈向国际化，把制造政要在外交餐桌上所需的高级陶瓷餐具作为目标，决意创立大仓陶园。

从创立到第二次世界大战前，大仓陶园始终将重点放在制造能超越西方最高级名牌陶瓷餐具的目标上。但到了战后，随着工厂搬迁到横滨户塚，大仓陶园为了让民众以"日本人制造的西式陶瓷餐具"为傲，开始尝试制造新式的陶瓷餐具。其契机是百木春夫（大仓陶园的设计师，1978年就任大仓陶园社长）从实业家松本幸之助那里获得的建议"不需要过多说明，不需要翻过来看底款，日本人在日本制造的世界通用的陶瓷餐具设计，这个梦想是不是能得以实现了呢？"

之后，大仓陶园开始朝着以"制造贴近日本人生活的陶瓷餐具"为宗旨，基于日本人审美意识的创作迈进。用颜色传达日本四季分明的差异之美，**在设计中融入纤细的树木与花卉，注入了日式氛围，不断创造出只**

有日本人才能设计出的陶瓷餐具。

从创立之初一直秉承着"精品之上有精品"的理念，令大仓陶园的传统技术根深蒂固。例如1460℃高温烧制工艺，在这一技术下诞生的被称作"大仓白"的洁白坚固的白瓷，拥有瓷如其名般的美。再加上"冈染""漆莳""压花"这些大仓陶园独一无二的技术，创造出各种各样，可以说是当之无愧代表日本的西式陶瓷餐具。

一朵玫瑰

白瓷盘上仅有一朵手绘玫瑰，比100支玫瑰更具有吸引力。盘子的金边采用大仓陶园独有的珍贵"压花"技法。

☛ 深入探索

陶瓷器皿的制造方法p8
则武p112
世界博览会p230

各种各样的则武"三件套"。甜品盘上搭配的是直径16厘米的"Cher blanc"浮雕白瓷碗。

大仓陶园的"碗盘历",是以日本的四季为主题,用12套形状各异的茶杯和茶碟展现日本美学的系列,是凝聚了大仓陶园100年的技术与匠人心血的收藏品。

鸣海"Mirano"系列，寓意吉祥的梅花图案与浓淡相宜的蓝色基调完美结合。这款兼具奢华与高雅气质的畅销产品，2022年为其诞生五十周年。
图片由鸣海制陶株式会社提供

日光"山水"系列。自1915年发表以来，从未被流行趋势所左右，一直深受各个年龄层消费者的喜爱。也因为1966年英国甲壳虫乐队访日期间，曾在后台休息室中使用而闻名。现在属于优质骨瓷（Fine bone china），已经更名为"SANSUI"。

质朴且自带暖意的世界陶器

Polish Pottery、Sarreguemines、 Barbotine、 Slipware,
这些都是如今深受年轻女性喜爱的陶器餐具品牌。
在此，让我们简单了解一下这些可爱的陶器。

陶器与王公贵族使用的瓷器有天壤之别

首先，让我们对陶器的历史和设计特征在印象上有个大致的了解，在瓷器发明之前，王公贵族们也使用代尔夫特等白色陶器，但是当他们被瓷器征服之后，面向富裕阶层的陶器便不再被生产，陶器作为庶民的日用杂器完成了自己的进化。也就是说，**18世纪时当西方开始制造瓷器以后，陶器文化便与宫廷文化彻底分离。**

萨尔格米纳（Sarreguemines）
陶瓷工厂烧制的 "favori" 系列

一路走来，与百姓生活密不可分的器皿

在瓷器上描绘博物学内容的动植物和希腊神话中的图案，为王公贵族们提供了社交话题。另一方面，**陶器都是百姓和朋友之间在休闲场所使用的。** 瓷器和陶器，只有了解了这两者的魅力后才能看清陶瓷餐具的全貌，所以，让我们来好好感受这些陶器带来的暖意吧。

博莱斯瓦维茨
（Boleslawiec）陶瓷工厂烧
制的咖啡杯和托盘

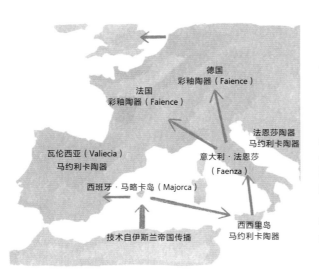

德国
彩釉陶器（Faience）

法国
彩釉陶器（Faience）

法恩莎陶器
马约利卡陶器

意大利·法恩莎
（Faenza）

瓦伦西亚（Valiecia）
马约利卡陶器

西班牙·马略卡岛（Majorca）

技术自伊斯兰帝国传播

西西里岛
马约利卡陶器

什么是锡釉陶器？

马约利卡陶器（Maiolica）、彩釉陶器（Faience）、代尔夫特陶器（Delft），这些全都是被称为锡釉陶器的烧制器皿。上过锡釉后烧制出的陶器特别适合彩绘，因为呈白色且有光泽，所以到18世纪初期为止，在欧洲大陆开瓷器制造之谜前，白色器皿等同于锡釉陶器。

不过，锡釉陶器因"进口地不同"，称呼也有所改变。 而且，各国都诞生了具有当地风土特色的设计。

西班牙·意大利

Maiolica（马约利卡陶器）

锡釉陶器最初在9世纪伊斯兰帝国发展起来，并从那里传播到整个欧洲。中世纪时期，锡釉陶器的技术从伊斯兰帝国统治下的西班牙马略卡岛传播到伊比利亚半岛和西西里岛。因为是**从马略卡岛（Majorca）进口的陶器，所以在西班牙和意大利被称为"马约利卡陶器"（Maiolica）。它的特征是采用明亮的原色和多彩的配色，体现手绘风格的质朴感。**

在意大利西西里岛可以找到的马约利卡陶器，通过图案展现出明亮而开放的地中海风情。

法国

Faience（彩釉陶器）和Barbotine

盛行于意大利法恩莎（Faenza）的马约利卡陶器技术传到了德国和法国，因此，在这些地区Faenza的发音**因为当地人的口音而发生了变化，变成了Faience（彩釉陶器）。**诺曼底北部的鲁昂是法国最早开始生产陶器的地方，17世纪末，这里出现了大量的陶器工坊。

在靠近德国国境的萨尔格米纳（Sarreguemines）陶瓷工厂，因为获得了德国唯宝的技术支持发展工业化，从而生产出大量优美纤细的彩釉陶器（Faience）。受俄法战争的影响经历了工厂被迫迁移等历史，很遗憾，现在工厂已经关闭。

萨尔格米纳陶瓷工厂也生产"Barbotine"，**Barbotine在法语中是凹凸的意思，其特征是在器皿**

表面用浆料做出立体图案并对器皿进行装饰，据说起源于"田园风陶器"（Palissy ware）。**在新艺术时期，哈维兰令Barbotine艺术再次复活。**

鲁昂陶瓷工厂中心出品，其特征是位于中心的花纹（放射状花纹）和边缘装饰的垂帷（用于窗框和屋檐下的装饰形蕾丝图案）。

萨尔格米纳陶瓷工厂出品的Barbotine，用当季的蔬菜和水果演绎色彩丰富的餐桌。

英国

Majolica（立体釉陶器）

在英国，除了锡釉陶器，带颜色的铅釉陶器和带有凹凸浮雕图案的陶器也被称为"Majolica"。明顿创作的Majolica，形状与田园风陶器（Palissy ware）相似，采用写实且有立体感的装饰，维多利亚时期大量生产Victoria Majolica风靡一时。

威基伍德的Majolica（20世纪初）。白菜花图案的立体釉陶瓷，是从1760年威基伍德创立就一直存在的传统设计。

Slipware（施釉陶器）

施釉陶器是指用黏稠的奶油状坯土（泥浆）进行装饰后烧制而成的陶器。其历史非常悠久，以欧洲为中心，从新石器时代开始在世界各地被制造。

17世纪，施釉陶器在英国作为装饰盘，18—19世纪作为用来制作馅饼等的烹饪用烤盘，深受人们喜爱。随着第二次工业革命的到来，色泽白皙、精美、结实的奶油色陶器和骨瓷被批量生产，制作施釉陶瓷的工坊逐渐被取代，到19世纪末几乎完全消失。

伯纳德·利奇（Bernard Howell Leach）在经过反复尝试之后，成功将**已经消失许久的英国式施釉陶器重现**。利奇是民艺运动家，作为民艺运动的成员曾遍访日本各地的陶瓷工厂，并指导他们制造施釉陶器，受到他亲自指导的**有汤町窑（岛根县）和丹窗窑（兵库县丹波）**等瓷厂。

英国式施釉陶器，是由英国和日本的民间陶瓷厂所制造的。原本就是庶民日常使用的杂器，如今即使价格不菲，但民艺概念的初衷并没有改变，所以用来盛放朴素的家庭料理和日常小吃都十分匹配。

丹窗窑出品的施釉陶器

Polish Pottery（波兰陶器）

Polish Pottery是指有可爱眼球图案的波兰陶器，其中**最有名的是Boleslawiec（博莱斯瓦维茨）陶瓷厂**。从中世纪开始作为陶瓷街而繁荣，直到17世纪，此地都在制造茶色铅釉陶器。到了19世纪后半叶，一位名为约翰（Johann Gottlieb Altmann）的陶艺师开始了技术革新，他以白色黏土为基底，不用铅釉而改用长石釉，这样一来，就可以随心所欲地描绘鲜艳的图案。

博莱斯瓦维茨陶瓷厂主要生产两个系列的陶器：传统图案"tradycyjny"（波兰语传统的意思）和现代风格的"unikalny"（波兰语独特的意思）。传统的圆溜溜的眼球图案叫"pavão olho"（在波兰语中是孔雀眼睛的意思），十分可爱。

照片中的蓝色器皿是Troyan Pottery（保加利亚陶），保加利亚盛产方铅矿（galena）。照片中左边是Horezu Pottery（罗马尼亚陶），其他均为日本制施釉陶器。

| 设计 | 陶器的搭配方法 |

陶制餐具的设计大多个性鲜明，质感也很丰富，从质朴的乡村风格到端庄大气的高雅风格都有。或许你会感到意外，其实它在搭配组合上并不简单，难度偏高，更适合精通餐桌布置的高手们。千万要注意，不要把波兰陶器和格调高雅的金彩瓷器一起摆放于餐桌上。

习惯之后，在搭配元素上稍做一些调整也无伤大雅，但要注意保持餐具之间的格调一致，遵守这个原则才能形成统一感，布置出赏心悦目的餐桌。然后循序渐进，在西式陶瓷餐具与日式陶瓷餐具的组合上也逐渐得心应手，呈现出更多有品位的餐桌艺术。

马约利卡陶器和墨西哥塔拉韦拉陶器（Talavera）的图案十分独特，非常适合盛装异国料理，如亚洲料理和南欧家庭料理。雅致而具有成熟气息的Faience（彩釉陶器），与蔬菜汤等法式家庭料理也是绝配。如果用来装点心，记得要放样式简单的小饼干。

另外，Slipware（施釉陶器）十分适合搭配日本料理，这一点已经得到柳宗悦的证明。我想起以前在某个电视节目中看到京都一家老字号料理店用伯纳德·利奇的施釉陶器盛装炸猪排的情景，当时不禁拍案叫绝。请一定要遵守餐具的"穿搭规则"，让器皿与日常的熟食和简单的小零食相辅相成，一起点缀餐桌。

GIEN
吉恩

温暖朴素与高雅并存的Faience（彩釉陶器）

创立
1821年

创立地
法国/卢瓦雷省（Loiret）吉恩
（Gien）

品牌名称由来
创立地

特征
陶器特有的温暖质朴的风格

代表风格
法国古典风格设计

历史
1821年　创立
1889年　获得巴黎世界博览会大奖
1974年　法国首次举行首脑峰会时，在总统主持的晚宴上使用
1989年　加入法国奢侈品协会"Comité Colbert"

相关人物

**托马斯·安东尼·埃德姆·哈尔
（Thomas Antoine Edme Hulm）**

创始人，其外公是英国人。他的
家人从 1774 年开始在距离吉恩
以北约一百公里处的蒙特罗从事
制陶业。

代表餐具

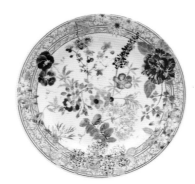

Mille Fleur（万紫千红）
代表系列。将二十余种颜色的转
印纸层层叠加而成，这种转印纸
叠加技术在世界范围内也是名列
前茅的。

Tulip（黑色郁金香）
根据档案设计（Archive Design）
复刻的作品。现在可以买到法国
古典设计风格的商品。

代表法国的高级陶器

GIEN的正式名称是"Faiencerie de Gien",正如它的名字"来自吉恩（Gien）的彩釉陶器（Faience）"所示,**它是本书中介绍的唯一一个专门生产彩釉陶器餐具的法国品牌。**

创始人托马斯·安东尼·埃德姆·哈尔（Thomas Antoine Edme Hulm）,其家族从1774年开始从事制陶业,他继承家业之后决定将工厂搬到适合烧制陶器的地方。因为随着1786年英法签订通商条约后,法国大量进口英国的工业产品,法国市场上充斥着价格低廉的英国货。

哈尔对法国制陶业逐渐走向衰退的状况深感不安,决定兴建新的工厂,最终选定在卢尔瓦河畔的吉恩（Gien）作为事业的新起点。吉恩是非常理想的陶器生产地,不仅有方便的水源,附近还有可以提供木材作为燃料的森林,最重要的是,这个地区的土壤非常适合烧制陶器。哈尔将建于15世纪末的修道院进行改造,于1812年创立了陶器工厂。

从创立到19世纪50年代,他们一直以制造餐具和日用杂器为主,同时他们也模仿17—18世纪在鲁昂和代尔夫特等地区制造的陶器作品,并以人们能够接受的价格出售,所以很受欢迎,也因此确立了稳固的行业地位。

之后,他们在1889年举办的巴黎世博会上获得大奖,以此为契机,世界各地的贵族们纷纷向他们订购印有家纹的定制餐具,从此名扬四海。GIEN的品牌精神之一"**忠实与定制**"从那时起被代代传承至今。此外,为了体现"为大众的餐桌增添幸福色彩"这一理念,色彩丰富的"万紫千红"（Mille Fleur）系列毫无悬念地成了GIEN最具代表性的长期畅销系列。

GIEN于1989年加入由巴卡拉、香奈儿、爱马仕等众多法国著名品牌组成的法国奢侈品协会Comité Colbert,并继续展开经营,但在2014年曾一度陷入破产危机。同在2014年,GIEN的现任老板被其魅力所感出资将其买下,他出售一半地皮以投资新设备,并对品牌进行了一系列的改革,2015年招聘了6名新工匠师傅,创作了不少温故而知新的设计。

彩釉陶器因为多用作日常餐具,所以古董器皿和二手器皿上都有斑点和裂纹,很难找到完美无瑕的作品。人气很高的萨尔格米纳制陶厂出品的餐具,由于工厂已经关闭,很遗憾无法再买到新品。在这一点上,在GIEN依然可以买到全新的法国古典设计风格的器皿,还有什么比这更令人高兴的事情呢!

Bagatelle系列
从东洋风织锦中获得灵感的几何学图案与色彩丰富的花卉相结合的碎花图案系列

☞ 深入探索

彩釉陶器（Faience）p119

Porceleyne Fles

皇家代尔夫特蓝陶工厂

荷兰唯一的皇家代尔夫特陶

创立
1653年

品牌名称由来
创立地

创立地
荷兰/代尔夫特地区

特征
充满东方趣味的蓝与白

代表风格
中国式风格

历史
1653年　创立
1876年　彩绘师优斯特（Joost Thooft）成功重现"代尔夫特蓝"
1919年　被荷兰皇室授予"皇家"称号

品牌标志
品牌标记是一个图案化的罐子，与一个看似像 F 其实是以彩绘师 Joost 名字的首字母 J 组合而成的符号，下面是 Delft 的字母。

相关人物

优斯特（Joost Thooft）

活跃在博莱斯瓦维茨（Boleslawiec）陶瓷工厂的彩绘师，使代尔夫特蓝陶工厂获得"皇家"称号的关键人物。19世纪后半叶，由于转印纸技术的普及，陶器实现了批量生产，多亏他的努力，才使得手绘"代尔夫特蓝"得以重现。

代表餐具

风车
荷兰最具代表性的风景，描绘了水边的风车与高高的芦苇交相辉映的风景。

米菲
荷兰最具代表的卡通人物"米菲兔"，米菲是英语的名称，在荷兰本国被称为"nijntje"。

风靡欧洲的代尔夫特陶器

从阿姆斯特丹乘火车，一小时就能到达拥有美丽运河和砖瓦房屋的代尔夫特。虽然是座小城，但是这里诞生了令人印象深刻的蓝与白的代表——代尔夫特陶器，这里还是画家约翰尼斯·维米尔的故乡。皇家代尔夫特蓝陶工厂（Porceleyne Fles）也是在这里创建的，**它是唯一一个被荷兰皇室允许使用"皇家代尔夫特"这个称号的品牌。**

荷兰在1602年创立了东印度公司，开始从东方大量进口青花瓷，美丽的白瓷上描绘着充满异国风情的蓝色图案的设计，令人流连忘返。

后来，人们在代尔夫特近郊找到了欧洲人梦寐以求的陶土，这一发现使得欧洲人第一次烧制出与东方瓷器相似的，属于自己的独特的陶器。之后，作为创造出带有东方瓷器风格的陶器，代尔夫特陶器在17世纪的欧洲拥有一枝独秀的地位。

1653年，皇家代尔夫特蓝陶工厂（Porceleyne Fles）正式开厂，这一年也是日本古伊万里瓷器从出岛通过东印度公司首次被进口到欧洲后的第三年。在同一时期开设的陶瓷工厂有二十多家，几乎所有工厂出品的陶器都模仿了东方瓷器的设计。对欧洲人来说，在白色的素坯上只用蓝色一种颜色描绘的中式图案无比新颖。

到了17世纪后半叶，人们开始使用多种颜色，这就是**代尔夫特彩陶**。器型也变得多样起来，有将很受欢迎的荷兰木鞋拓模之后制成的陶鞋小摆件，还有陶制水壶、陶制便当盒、陶制茶壶，甚至陶制小提琴。不仅如此，荷兰作为"郁金香泡沫"[*1]的发明者，在1685年还设计出专门用来插郁金香的陶制花瓶"Tulpenvaas"。这一时期是代尔夫特

陶器的鼎盛时期，也是代尔夫特这座城市的鼎盛时期。

18世纪初，德国的梅森终于烧制出硬质瓷器，以此为开端，瓷器制造在欧洲全境普及开来，不久后，骨瓷也在英国诞生。但是对代尔夫特陶器来说最大的威胁并非硬质瓷器也非骨瓷，而是诞生于英国的，庶民也买得起的"无限接近硬质瓷器的陶器"，也就是奶油色陶器。由于出现了意想不到的竞争对手，人们对代尔夫特陶器的需求急剧缩减，到19世纪初，只有皇家代尔夫特蓝陶工厂（Porceleyne Fles）勉强存活下来。

尽管如此，1876年皇家代尔夫特蓝陶工厂邀请了彩绘师优斯特（Joost Thooft）加入，成功地再现了"代尔夫特蓝"。从明亮的蓝色到泛黑的蓝色，用绝妙的色调划分出来的代尔夫特蓝拥有很多忠实的粉丝。

荷兰特有的郁金香花瓶"Tulpenvaas"

👉 **深入探索**

陶瓷器皿的起源p14
骨瓷p16
奶油色陶器p17
出岛p210

[*1]：郁金香泡沫，又称郁金香效应（经济学术语），源自17世纪荷兰的历史事件。作为欧洲最早的有记载的投机活动，荷兰的"郁金香泡沫"昭示了此后人类社会的一切投机活动，尤其是金融投机活动中的各种要素和环节：对财富的狂热追求、羊群效应、理性的完全丧失、泡沫的最终破灭和千百万人的倾家荡产。

1. 盛在彩釉陶器（Faience）中的法国勃艮第（Bourgogne）地区的家庭料理。盘边装饰的垂帷图案有点睛的效果。/ 2. 用梳子绘制的施釉陶器经常使用的传统羽毛图案。浇上釉药之后，马上用梳子刷开，形成羽毛的样子。/ 3. 墨西哥的塔拉韦拉陶器（Talavera）属于马约利卡陶器的一种。墨西哥曾经是拥有穆斯林文化背景的西班牙殖民地，他们一直保持制造带有东方气息的蓝与白陶器的传统。/ 4. 意大利马约利卡陶器，鲜艳的颜色为料理增色不少。图片拍摄于日本大阪的意大利餐厅"Vittoria"。

威基伍德的"野草莓"
（Wild strawberry）系
列，简单的甜品在全花
图案的映衬下提升了夺
目度。

图中左前是大仓陶园的"蓝玫
瑰"，右后是俄罗斯皇家瓷器
（Imperial Porcelain）的"金色花
园"。即使是不同的品牌，利用色
调进行组合也能形成统一感。

上图：梅森的"浮雕波浪"系列，简约而高雅的曲线设计与日本和果子的适配度极高。

下图：奥格腾的"玛丽娅·特蕾莎"（Maria Theresia）系列杯碟搭配加入了橘子甜酒的"玛丽娅·特蕾莎咖啡"，浓郁的咖啡、少量酒精、厚厚的一层鲜奶油，再点缀一些柑橘皮就完成了。

第三章

从艺术风格了解西式陶瓷餐具

本章我们将对西式陶瓷餐具在设计、装饰、图案背景中所采用的艺术风格进行介绍。

了解艺术风格之后，不仅会感受到美，

还能对陶瓷餐具进行解读。

在了解艺术风格之前

——了解艺术风格是认识餐具设计的第一步——

☞ 不仅"美"和"好看"！
了解艺术风格之后能够"解读"陶瓷餐具

绘画、音乐、建筑、文学等艺术形式共通的当时流行的风潮汇总被称为"风格"。本章中提到的哥特式、巴洛克式等艺术风格，是主要出现在**西方绘画史中的风格**。艺术在各个时代都有共通的风格。

正因为有共通的艺术风格，即使时过境迁，重温时也能知道哪个作品属于哪个时代，**艺术风格其实就像规则一样**。发祥于王公贵族和市民阶级的西式陶瓷餐具，也是基于这些艺术风格设计出来的，因此，**不了解艺术风格只单纯欣赏，就像不了解比赛的规则就观看体育比赛一样**，这是非常重要的一环。但遗憾的是，在学校的美术课上，大部分的时间都被画画占用了，学习美术史的机会很少，因此，艺术风格的重要性很难渗透到喜欢餐具的人的心里。

另外，在解开艺术风格的绳索时，希望大家务必牢记其源头，这样一来，欧洲文化的全貌就显现出来了。

古希腊文化和基督教文化是欧洲文化的重要元素，二者的交融在欧洲有着深远的影响。比如，陶瓷器皿通称为"Ceramic"，这个词来源于古希腊语"keramikos"（古希腊的陶瓷街），陶瓷器皿的语源也要追溯到古希腊。

接下来，就让我们围绕着多种艺术风格来了解西式陶瓷诞生的背景吧。

☞ **西方和日本对美的基准**

西方	大 强而有力 完美 人力是自然界中最伟大的存在 （像神一般）
日本	小 纤细 不完美 万物皆有灵

☞ 绘画与主题的等级

西方绘画

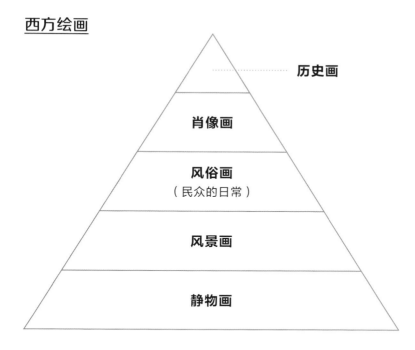

历史画

肖像画

风俗画
（民众的日常）

风景画

静物画

参考：〔日〕堀越啓 著《理论美术鉴赏：以人物 × 背景 × 时代解读绘画》翔泳社

西式陶瓷器皿

· **西式陶瓷器皿的图案**：纹章和神话主题级别最高，依次按动物、风景、花卉的顺序进行等级排列。

· **16—19 世纪艺术学院的存在**

· **艺术中的"自然"只不过是附加品**

　→艺术的中心是人，人是最重要的主题

　→花卉纹样中，玫瑰、百合等人工栽培出来的花规格较高，不假人手的野花规格较低

巴洛克风格
——戏剧性的表现和繁复的装饰——

👉 **特征**
- 16—18 世纪前半叶以意大利为中心流行于欧洲
- 为了彰显皇族和教会权威的设计。巨大的，有装饰性的，生动的
- 巴洛克绘画的代表人物鲁本斯。巴洛克音乐有深不可测的明快感与厚重感

跃动感与戏剧性的表现，繁复的装饰才是巴洛克
巴洛克时代，欧洲开始制造瓷器

巴洛克风格是指从16世纪末到18世纪前半叶流行的艺术风格。"巴洛克"一词来源于葡萄牙语"barocco"，意思是"不规则的珍珠"。巴洛克风格广泛应用于建筑、室内装潢、音乐、绘画等领域。

本章将从巴洛克风格开始解说艺术风格，因为欧洲的制瓷历史正是从巴洛克时代开始的。

巴洛克风格的特征：**跃动感，戏剧性的表现，繁复的装饰**，总之，艺术作品中的一切都是充满动态的，满画面都是装饰，明暗强烈。它们没有"留白之美"的概念，而是如实表现西方美学的基本——大气、有力，因为巴洛克风格本来就是**为了彰显皇族和教会权威所采用的艺术风格**。

走在欧洲的街道上，如果看到堆叠到不留缝隙的装饰、富有动感的立体雕塑、光影强烈又充满力量的图案，那么多半是巴洛克风格。

👉 **诞生故事**

16世纪初开始的宗教改革挑战了天主教会的权威，这一变革也给艺术界带来了巨大影响。随后在16-17世纪，罗马天主教廷发动**反宗教改革**。天主教采取的反击手段之一，是将宗教艺术装饰得更加华丽来彰显自己的权威，并将其用于传教。在罗马天主教会的大本营罗马，教皇为了让这里成为最适合天主教的首都对其进行城市整顿，于是，那些因为新教流行而无宗教画可画，有才华又充满野心的艺术家们从欧洲各地汇集到罗马，就这样，被称为巴洛克的新艺术风格诞生了。

👉 建筑·室内装饰

教堂是最能了解巴洛克风格特征的地方，因为在这里，建筑、绘画和雕刻三位一体，组合出一件宏大的作品。大量使用大理石来营造豪华感，满眼皆是令人意想不到的装饰。充满跃动感的宗教画和宗教雕塑令观者折服，令人如痴如醉，生发出充满喜悦的兴奋感。这是一场吸引信徒的精彩演绎，不得不佩服天主教这反其道而行之的策略。

👉 绘画

在艺术领域，信奉天主教的王公贵族利用巴洛克风格的豪华绚烂巩固自己的权力，迎来了鼎盛时期。在巴洛克风格的发祥地意大利，**米开朗琪罗利用戏剧性的明暗对比和极富感染力的人物表情引领了巴洛克风格。**

在天主教国家西班牙，宫廷画师迭戈·委拉斯开兹十分活跃。而经历了千辛万苦才从西班牙独立出来的荷兰，由于加尔文派新教徒占多数，所以**流行的是非巴洛克风格的风景画、静物画、集体肖像画。最有名的画家要属约翰尼斯·维米尔**，虽然维米尔为了与心爱的妻子结婚而改信了天主教，但他的作品却非常静谧，完全符合新教国家的风格。他们的赞助者是荷兰东印度公司等通过贸易获得财富的资产阶级。

另一边，在西班牙领地弗兰德斯，**鲁本斯缔造了弗兰德斯绘画的黄金时期。**弗兰德斯是天主教国家，所以其艺术作品充分体现了巴洛克风格。鲁本斯是巴洛克风格的代表巨匠，他笔下画面中丰满的人物（象征财富与幸福）激情奔放，冲击力十足，充满想象力，让人一眼便知这就是巴洛克。

原本都属于西班牙的两个国家，新教和天主教的画风却截然不同。

法国在绝对王权的统治下，建筑上采用了巴洛克风格，但**巴洛克风格并没有在绘画领域扎根，取而代之的是知性端庄的法国古典主义。**

👉 音乐

提到巴洛克，很多人都会联想到巴洛克音乐，**巴洛克音乐的特征与巴洛克艺术相同，多是明快感与厚重感并存的华丽音乐。**

巴洛克时代在法国国王路易十四统治时期到达了巅峰，由于国王自己就是芭蕾舞名家所以在音乐领域投入了巨大的财政支持，令凡尔赛宫发展出了华丽的宫廷音乐。

巴洛克音乐的三大代表音乐家是维瓦尔第、亨德尔和巴赫。巴赫是新教徒，他的音乐作品脱离了主流的明快的巴洛克风格而自成一格。巴赫伟大的地方在于，作为确立了近代音乐基石的"音乐之父"，对后世音乐家们的影响较为深远。

与巴赫同年出生的亨德尔，可以说他的人生就是巴洛克。他熟练掌握5种语言，足迹遍及全欧洲。他引领了欧洲的娱乐行业，是积累了巨额财富的音乐大师。他的代表作之一有清唱剧《弥赛亚》，其中的《哈利路亚合唱》更是耳熟能详的经典杰作，这首曲子作为广告和电视节目的背景音乐经常出现，它也是最能体现巴洛克风格的曲子之一。

👉 文学

巴洛克文学的中心在法国，后来涌现出的笛卡尔、孟德斯鸠、卢梭等象征近代哲学和思想启蒙的人物都出自法国。法语成为当时有教养的人必备的国际语言，既是外交的工具，也是当时上流阶级人们的日常用语，这也是为什么在外国电影中不时能看到欧洲各国的王公贵族说法语的原因。

建筑　　　**融合巴洛克与中国式风格的"瓷屋"**

欧洲各国的皇宫、宫殿自不必说，就连地方贵族的府邸中也都收藏着堆积如山的瓷器，想必曾到欧洲旅行过的人都曾大吃一惊。

在巴洛克时代，由于东洋瓷器进口数量过于稀少，人们并没有把它当成餐具使用，更多时候是当成装饰品陈设于室内。

用于室内装饰的东洋瓷器，展示在被称为"瓷屋"的房间里，不仅墙壁，连梁柱上都挂满了瓷器。在充满豪华装饰的巴洛克风格建筑中，再加上东方青花瓷的调和，形成了豪华绚烂的氛围。

现存的瓷屋中最有名的是位于德国柏林的夏洛滕堡宫（Schloss Charlottenburg），它是1695年至1699年建于柏林市内的夏季离宫，也是著名的观光胜地。这座宫殿中现存的"瓷屋"是于战后复原的，最初由建筑师亚历山大设计，用3000多件瓷器装饰而成，于1706年建造完成。

在日本长崎的豪斯登堡中有一座再现这座瓷屋的展览馆。

德国柏林夏洛滕堡宫（Schloss Charlottenburg）中的瓷屋

巴洛克风格的陶瓷器皿

西式瓷器的黎明时期、巴洛克时代的主角——中国式风格餐具
巴洛克风格的餐具重视装饰性而不是实用性

在介绍巴洛克风格的陶瓷器皿时，首先令听者感到惊讶的是在解释"**巴洛克时代的餐具=中国式风格**"的时候。在巴洛克时代，真正开始制造瓷器的只有德国梅森一家，而像代尔夫特陶器等大多在模仿中国和日本的设计，即**陶器和中国式风格是当时的主流**。带有碎花图案等西式风格的餐具设计是在接下来的洛可可时代才完成的。

就连梅森也是在创立10年后才开始制造晚宴用餐具，最初只能生产一些茶具。限于技术上的问题，他们无法从一开始就制造成套的餐具，因此，比起使用（实用性），他们更重视外观（装饰性），只有极少数的餐具是从那个时代留存下来的巴洛克风格餐具。

另外，巴洛克风格的餐具其特点多为**善用明暗对比的、巴洛克时代特有的浮雕装饰**。

巴洛克风格的陶瓷餐具

Vecchio Ginori（古老浮雕系列）
Ginori1735

藤篮编织的图案、如波浪般的浮雕装饰，演绎出光与影的交织，带有如雕刻般的动感。Vecchio 意为古老。

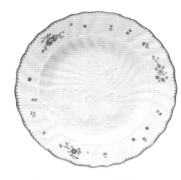

Swan servis（天鹅浮雕）
梅森

具有巴洛克风格特色的繁复浮雕装饰。据说灵感来自订单主人亨利希·冯·布鲁尔伯爵家庭院中的喷泉。

Q&A

Q：梅森所属的萨克森王国，是拥护马丁·路德的新教国家，为什么会出现代表反宗教改革的巴洛克风格的餐具呢？

A：这个问题问得好。萨克森王国的奥古斯特二世为了能同时兼任波兰国王，在 1679 年从新教改信天主教，他的儿子后来与哈布斯堡家族联姻，这就是为什么萨克森王国虽是新教国家，却同时拥有天主教主导的巴洛克风格餐具的原因。

中国式风格 (Chinoiserie)
——憧憬东方文化——

☞ **特征**

· 17—18 世纪非常流行。虽然被称为 "中国趣味"，但其实是将整个亚洲地区的东方风格装饰用欧洲人独特的方式理解并加以诠释的风格
· 与每个时代欧洲独有的艺术风格一直共存共荣
· 潮流的契机是中国瓷器。"芙蓉手" 是最早流行的设计
· 用于所有的室内装饰

将亚洲的装饰用欧洲人独特的方式理解并加以诠释的东方风格

　　Chinoiserie是 "中国趣味" 的意思，chinois在法语中意为 "中国的"。从17世纪荷兰东印度公司创立并开始东亚贸易起一直流行到18世纪的巴洛克及洛可可时代。就像东印度公司的 "印度" 代表亚洲一样，**中国趣味的 "中国" 也并不仅仅是指中国，而是代表整个亚洲（东方）**。中国式风格是将整个亚洲地区具有独特异国风情的东方风格装饰，用欧洲人自己的方式理解并加以诠释的艺术风格。中国式风格的特征，虽然中间曾出现过气和被淘汰的情况，但一直与欧洲各个时代特有的艺术风格共存，作为并行者一直长盛不衰。特别是在陶瓷领域，即使后来热潮退却，巴洛克和洛可可时代已经结束，人们对中国式风格设计的喜爱依旧不减，从未停止生产。

　　与欧洲独特的艺术风格共存，这是中国式风格至关重要的特征。

　　对西方而言，亚洲的艺术品具有自身所不具备的美感和审美意识，一切都是那么新鲜。因此，绘有蓝洋葱和垂柳图案等中国式风格的陶瓷餐具，无论在哪个时代都十分受欢迎。

☞ 诞生故事

　　中国瓷器早在12世纪就由阿拉伯商人传入西方，但真正开始贸易是在**17世纪荷兰东印度公司成立以后**。明朝时，葡萄牙商船最早将景德镇的芙蓉手瓷器运到欧洲。1600年初，荷兰将葡萄牙商船扣押，并没收了船上的中国瓷器，在荷兰首都阿姆斯特丹拍卖，从那之后，中国瓷器的热潮席卷了整个欧洲。芙蓉手瓷器之所以被称为"克拉克瓷"也是因为当时那艘葡萄牙商船的型号是"Carraca"（武装商船），从而得名。

经拍卖后的中国瓷器被带到欧洲的王公贵族手中，从此掀起了狂热的中国式风格瓷器热潮。

👉 建筑·家具

随着人们对中国式风格的喜爱，欧洲人在庭院中也建造了装饰性的中国式宝塔。特别值得一提的是，中国式风格与擅长运用"差异性"的如画式建筑（Picturesque）相得益彰，经常被用于英式庭院中。

最有名的当属位于伦敦的皇家植物园邱园（Kew Gardens）内的佛塔。**参与建造佛塔的威廉·钱伯斯**生于新古典时代，与罗伯特·亚当同为英国宫廷建筑家。钱伯斯在瑞

典的东印度公司工作时曾去中国和印度考察过实物，可以说充分利用了在中国的经验。

中国式风格同时也被用在室内装饰领域。曾在**新古典风格时代流行的奇彭代尔风格（Chippendale Style）**的"中式奇彭代尔风格软椅"，至今仍然是深受收藏者喜爱的古董家具之一。

👉 绘画

中国式风格绘画在**洛可可时代迎来鼎盛时期，最具代表性的人物就是弗朗索瓦·布歇（Francois Boucher）**。西方人笔下描绘的理想中的具有异国情调的中国风景，大受欢迎。

艺术领域中的中国式风格在18世纪末期与洛可可时代一起落幕。19世纪前半叶，充满异国情调的"东方主义"（Orientalism）

登场，以西方人的感觉描绘出不仅限于东亚，还包括伊斯兰和埃及的东方主义文化的绘画。但是在陶瓷领域，设计上却并不符合东方主义这一框架，被分类在中国式风格和帝政风格中。比如，东方主义时代登场的"垂柳图案"就是中国式风格，而绘有埃及图案的陶瓷器皿大多是帝政风格。

Q&A

Q：中国式风格与巴洛克风格的审美意识完全不同，无法体会人们同时喜欢这两种风格是一种什么样的感觉？

A：我们在讲座时经常用日本昭和时代的流行歌曲作例子。日本昭和时代流行演歌，但同时英国甲壳虫乐队的摇滚乐也深受大家喜爱，两种音乐曲调截然不同，但日本人可以在一边享受纯日本风格的演歌的同时，一边欣赏西方的摇滚乐。巴洛克风格与中国式风格的感觉与之相似。

中国式风格的陶瓷器皿

300年间的畅销经典款大集合
对比传统的中国式风格和西洋风中国式风格

　　如前文和日本出岛部分的内容所述，中国式风格是西式陶瓷餐具的原点，特别是在巴洛克时代，西方还没有正式开始制造瓷器，所以巴洛克时代的西式餐具都属于中国式风格。因此，有很多畅销了300多年的经典设计，仅基本款都是琳琅满目的，不少大家熟知的餐具样式其实都是中国式风格。接下来就来了解一下西式餐具中人气颇高的中国式风格款式的特征。

中国式风格分为两种：一种是"传统的中国式风格设计"，它从模仿东方瓷器开始，设计上与中国和日本出品的瓷器几乎一模一样；另一种是"融入西式风格的中国式风格设计"，它将西方独有的文化进行了升华。让我们对这两种风格的设计进行比较，特别是融入西式风格的设计，很多设计初看并不会联想到中国式风格。在下文中让我们一起来鉴赏这两种风格的不同吧。

传统的中国式风格		西洋风中国式风格

浮雕装饰很少，模仿东方茶杯器型的茶具（大多是没有把手的茶杯）

形状

风格简约。也有与巴洛克、洛可可风格相融合的造型

芙蓉手
柿右卫门纹饰
模仿有田烧
模仿九谷烧
中式图案

主题
（绘制时的参照物）

将垂柳、芙蓉、牡丹、雉鸡、孔雀、龙、印度棉、中式图案、日式图案等经过加工，具有独创性的纹饰

钴蓝
五彩（红、蓝、绿、黄、紫）

颜色

钴蓝
使用多种颜色

异国情调
异域风情
东方趣味
中国趣味

印象

异国情调、异域风情、东方风格

※ 即使是异域风情的纹饰，也都是埃及、波斯（佩斯利花纹等）帝政风格

传统的中国式风格

芙蓉手（克拉克瓷）
皇家代尔夫特蓝陶工厂

中国和日本的瓷器通过荷兰东印度公司到达荷兰的代尔夫特，反映出当时欧洲人对东洋瓷器的向往。

龙
（梅森）

梅森初期图案中"印度纹饰"的一种。梅森东方瓷器上的"龙"是从 1730 年左右开始制作的，直到 1918 年出品的"红龙"都属于萨克森王室专用。

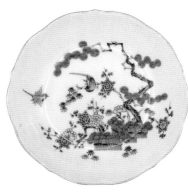

柿右卫门纹饰
（梅森）

色彩缤纷、充满异国风情的柿右卫门纹饰深受王公贵族的喜爱。模仿日本有田烧的柿右卫门纹饰。

西洋风中国式风格

海洛特绘制的中国式风格纹饰
（梅森）

参考了东方书籍中的水墨画人物形象，海洛特用自己独创的多色釉进行彩绘。德国和法国的其他瓷厂也模仿了海洛特独创的中国式风格。

维多利亚捧花
（赫伦海兰德）

在 1851 年伦敦世界博览会上令赫伦海兰德一举成名的经典系列，至今仍人气不减。借鉴了中国清朝时期的粉彩花鸟图，器型是洛可可风格。

唐草系列
（皇家哥本哈根）

1775 年发表的皇家哥本哈根的代表作。作为皇家哥本哈根的象征，至今仍享有极高的人气，借鉴了中国的印染图案。

洛可可风格

——女性化且唯美的宫廷文化——

👉 **特征**
- 18 世纪以法国为中心开始流行。拥有华丽且女性化的宫廷文化特征
- 给陶瓷器皿带来很大影响，西式陶瓷餐具中优雅的花朵图案几乎都是洛可可风格
- 法国国王路易十五的王室情人蓬帕杜侯爵夫人是主要推广者
- 主要用于室内装饰，在猫脚家具、"雅宴画"（华托画）中十分流行

优美娴雅的贵族文化产物

洛可可（Rococo）风格源自当时的贵族们流行在庭院中搭建用贝壳混着砂石堆砌而成的人工洞穴，这种用贝壳设计并装饰而成的艺术风格就是洛可可风格的起源。1715—1789年以法国为中心流行至整个欧洲，主要用于室内装饰、绘画、音乐、陶瓷器皿和家具等领域。

洛可可风格优美且细腻，既暗喻女权主义的崛起，又有贵族式的唯美。

主题以蝴蝶结、条纹、蕾丝、珍珠、玫瑰等女性元素为主。白色与金色、粉色是其概念色。

时尚方面，大多能联想到的是贵族们穿着的礼服，那些洛可可风格的裙子就是当时的时尚主流。对艺术风格入门者，我总是告诉他们**洛可可风格即日本漫画《凡尔赛玫瑰》中所展现的世界**。

👉 **诞生故事**

在巴洛克时代，法国国王路易十四要求贵族们讲究格调、拘束的生活。1715年路易十四去世之后他的曾孙路易十五继位，路易十五则开创了享乐主义之风。

洛可可风格的推广人是路易十五的王室情人（Royal Mistress）蓬帕杜侯爵夫人。

说到王室情人可能会被认为是情妇，其实是站在公共立场上的人，社交和政治的意味更强，事实上，她也确实参与了政治。蓬帕杜夫人才华横溢，对艺术充满了浓厚的兴趣，她经手的文化事业很多，除了编辑百科全书之外，更积极推广赛弗尔瓷器。

👉 室内装饰 · 家具

　　洛可可风格是法国贵族大改造时期流行的艺术风格，因此，很多建筑在外观上保持巴洛克风格，但内部装潢都是洛可可风格，可以说洛可可风格成了专门用于室内装饰的艺术风格，以白色和金色为基调（基础色），大量使用曲线和纤细的花纹。**在家具方面，开始使用女性化的猫脚设计**，在英国因为正值安妮女王统治时期，所以这种猫脚椅又被称为**安妮女王风格或安妮女王椅**。

👉 绘画

　　洛可可时代的三大画家：让 · 安东尼 · 华托（Jean-Antoine Watteau）、弗朗索瓦 · 布歇（Francois Boucher）、让 · 奥诺雷 · 弗拉戈纳尔（Jean Honore Fragonard）。其中，洛可可后期的画家弗拉戈纳尔，其代表作《秋千》广为人知。但是在陶瓷领域，希望大家记住的是华托和布歇。华托凭借其代表作《舟发西苔岛》，通过**描绘在森林和田园中谈情说爱的男女，确立了"雅宴画"（华托画）**这一全新的画风，这是一个与既存的风景画、历史画都截然不同的新领域，因此受到极大的关注。

　　洛可可时代独占鳌头的画家是布歇，在蓬帕杜夫人的庇护下，他作为首席宫廷画家、学院会长留下了大大小小近万幅作品，将洛可可时代推向辉煌。他还被动员到**文森瓷厂（赛弗尔瓷厂的前身）**，参与了赛弗尔搬迁时新设施的设计，为制造最高级的瓷器出了一份力。布歇最受欢迎的作品是描绘着女神裸体、充满情欲的神话画，用来装饰贵妇人的卧室。另外，趁着中国式风格的热潮，他创作了中国风的家具和中国风的绘画。他笔下的蓬帕杜夫人充满知性美，这些肖像画现在依旧很受欢迎。

"浪漫"系列（Limoges Castle）。1760年，由法国利摩日地区行政总监尝试制造。钴蓝之中画着雅宴画。

布歇绘《蓬帕杜侯爵夫人》。这幅画是布歇的代表作，他被称为"万能工匠"。画作背景中的藏书和蓬帕杜夫人手中所擎之书象征她渊博的学识。她身上点缀着被称为"蓬帕杜粉"的蝴蝶结，以及让人联想到赛弗尔瓷器装饰的绿色衣饰，还有大量使用的珍珠、蕾丝等都是洛可可风格的主题元素。

洛可可风格的陶瓷器皿

西式陶瓷器皿的女王——洛可可风格
首先来好好认识一下传统的洛可可风格

洛可可风格流行的时代，梅森和维也纳瓷厂开始正式制造瓷器，并非模仿东方瓷器，而是**开创了具有独特欧洲风格的陶瓷设计。**

为此，洛可可风格给西式陶瓷器皿带来了巨大影响，现在市场上销售的西式陶瓷餐具中，那些**造型优美、满是女性化花卉图案的作品大多是洛可可风格。**了解了洛可可风格的特征，就能更好地欣赏西式陶瓷餐具。

不过，大众认知的洛可可餐具，其实并非洛可可时期流行的原始款（鼻祖），很多都是后来英国流行的洛可可复兴款（p144），或是经过加工的现代洛可可风格（p145）。原创时代并不是只有豪华绚丽的款式，**也有很多令人意外的沉稳简约的设计，更有不少设计让人觉得与洛可可风格完全不沾边。**接下来，就让我们一起来欣赏这些传统的洛可可风格吧。

洛可可风格的特点

 器型 圆弧形、像贝壳一样起伏，把手多为 c 型与 r 型上下组合的造型，呈现优美的曲线。

纹饰  德国花卉、华托画、天使、水果、蝴蝶结、珍珠、Rocaille（形状似贝壳的装饰物）

颜色  蓬帕杜粉、皇家蓝（Royal blue）、华托绿（Watteau green）、蓝绿色

 印象  女性化、优美、华丽、纤细

玛丽娅·特蕾莎（Maria Theresia）（奥格腾）

为玛丽娅·特蕾莎的狩猎之馆奥格腾宫殿的晚餐套装而设计的。图案为洛可可风格的莫扎特样式。

意大利水果（Italian fruit）（Ginori1735）

1760 年为托斯卡纳地区贵族所设计的，用作别墅中晚宴使用的餐具，图案为洛可可风格主题的水果。从这悠闲的图案中也能看出洛可可风格涉猎之广。

华托绿（Watteau green）（梅森）

很难联想到是洛可可风格的代表设计。华托描绘了在森林等自然环境中嬉戏的男女。华托的画等同于洛可可风格，他使用的颜色也是华托绿。

蓬帕杜（赫伦海兰德）

1857 年，为了庆祝在赫伦海兰德创业期间给予技术援助的德国科学家亚历山大·冯·洪堡（Alexander von Humboldt）博士 88 岁的生日而设计。为洛可可时代赛弗尔风格的设计。

经典花卉（Basic flower）（梅森）

绘有波浪形线条与德国花卉，明亮的颜色是分辨洛可可风格的关键。

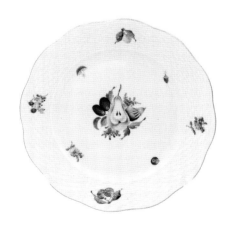

水果花束（Bouquet de fruits necker）（赫伦海兰德）

最具代表性的洛可可风格的水果图案，波浪形设计与明快的色调彰显其特征。

设计　德国花卉——所有欧洲陶瓷器皿中花卉设计的蓝本

维也纳瓷厂创作了"德国花卉"系列，它描绘的不是东方花草，而是欧洲本地的花草。梅森也从17世纪40年代（洛可可时代）开始，在花卉图案设计上向写实多色的德国花卉过渡，之后这种风格在欧洲各地瓷厂发展开来。

德国花卉具有西方特有的油画风格，它摆脱了对东方图案的模仿，成为延续至今所有花卉图案设计的基础。

宁芬堡出品的以德国花卉为蓝本的洛可可风格瓷盘。

历史　下午茶文化与英国洛可可复兴

有人问我"当欧洲大陆流行毕德麦雅风格时（维也纳体系），英国在流行什么呢？"

在欧洲大陆的毕德麦雅时代，英国陶瓷领域正流行"浪漫主义"和"洛可可复兴"，这与英国的经济发展和以下午茶为代表的咖啡文化的兴盛不无关系。

下午茶起源于18世纪40年代，当时，安娜·玛利亚伯爵夫人（日本红茶饮料品牌"午后红茶"包装上的女性）为了填饱肚子，在本来的晚饭时间下午4点钟喝红茶吃点心，由此开启了下午茶文化。工业革命之后，随着照明设备的普及，当时的英国贵族们将晚饭时间逐渐推后到观看戏剧和音乐会后的晚上8~9点。

下午茶主要以上流阶级和上层中产阶级的淑女们为中心，在她们家中举办，因此对精致高雅的茶具的需求也随之高涨。于是女性化的洛可可风格被重新设计，由此形成了与原创稍有区别且自成一格的设计风格。

最有代表性的是维多利亚茶杯，它有几个明显特征：茶杯外侧以白色为基调，图案简单，与之相反，茶杯内侧装饰繁复。另外，金彩比传统的洛可可风格更加华美，图案也多是花卉图案。在配色上，喜欢用能表现"伦敦上空云雾"的淡灰色，让人联想到洛可可时代赛弗尔瓷厂出品的赛弗尔蓝（皇家蓝）、蓬帕杜粉、土耳其蓝（也称薄荷蓝）等。

英国之所以流行有赛弗尔瓷厂特征的颜色，是因为受到俄法战争的影响。俄法战争爆发后，赛弗尔瓷厂受到炮火袭击，很多工匠从硝烟弥漫的法国逃到周边其他国家，其中很多人都跳槽到因为经济发展，对瓷器需求越来越高的英国。从赛弗尔来到英国明顿的工匠们相继制造出具有赛弗尔风格的装饰，很快就大受欢迎。这一时期土耳其蓝在英国被称为"明顿蓝"，由此可见当时受欢迎的程度。

科尔波特（Coalport）的"蝙蝠翼"（Batwing）系列，堪称维多利亚时期茶具的代表作

现代洛可可风格餐具

奢华又富有女人味的洛可可风格餐具，它的美跨越了时代，一直被人们深爱着。也正因如此，虽然都是洛可可风格，根据时代不同有时会遇到与最初的洛可可风格截然不同的洛可可设计。

现代洛可可风格餐具，既保留了原创时期的氛围，也具有过去从没出现过的色调和现代风格的装饰，且种类多样。

本书中将原创时期、洛可可复兴时期和现代洛可可风格分别介绍。洛可可风格的陶瓷餐具种类丰富，通过了解其风格更容易了解时代的变迁，请一定按照不同出品年代来欣赏不同的设计风格。

幸福！（Felicita！）
鸣海

老镇玫瑰（Old country roses）
皇家阿尔伯特

阿佛洛狄忒（Aphrodite）
则武

皇家安托瓦内特（Royal Antoinette）
皇家皇冠德比

艺术风格

路易十六风格

——玛丽·安托瓦内特最爱的风格——

👉 **特征**
- 18世纪后半叶以法国为中心流行开来。洛可可风格与新古典风格相融合
- 其特征是图案比洛可可风格更沉稳内敛，体现出国王夫妻本来的性格
- 玛丽·安托瓦内特热爱田园牧歌般理想的生活。她革命性的修米兹连衣裙（Chemise Dress）和在小特里亚农宫（Petit Trianon）的生活引起了重视传统的贵族们的反感。

兼具新古典风格流畅的直线线条和 洛可可风格的优美、纤细、女性化

以玛丽·安托瓦内特的丈夫、法国国王路易十六命名的路易十六风格，多数情况下不是被视为洛可可风格就是被视为新古典风格，算是一种不为大众所知的非主流风格。顾名思义，这是指路易十六统治时期（1774—1792）流行的风格，主要用于陶瓷、室内装饰、家具等。说得更具体一点，洛可可风格是路易十五的皇室情人蓬帕杜夫人钟爱的风格。如果想要了解**玛丽·安托瓦内特真正热爱的设计**，就要对路易十六风格有一个详细的认知（关于玛丽·安托瓦内特请参看p252）。

文献记载中经常提到"路易十六风格的基础是新古典风格"，实际上，这个时期新古典风格确实开始流行。但是，路易十六风格与洛可可风格和新古典风格最大的区别在于它是在新古典风格中融入了洛可可风格，其特征是**保留了新古典风格流畅的直线线条，又融合了洛可可风格的优美、纤细和女性化**。从某种意义上来讲，洛可可风格的唯美和玩味被淡化，这正体现出国王路易十六和玛丽·安托瓦内特王妃夫妇真实的性格，可以说这是一种能营造沉稳氛围的风格。

👉 **诞生故事**

　　1774年路易十六继位，他把凡尔赛宫内的小特里亚农宫送给了妻子玛丽·安托瓦

内特。对每天日程分秒必争，在没有一点隐私的空间中被派系斗争折磨得喘不过气的

玛丽·安托瓦内特来说，小特里亚农宫是她维持精神平衡的避难所，这里满溢着她的个人品位，成为一个**流畅的新古典主义与沉稳的洛可可风格相互融合、令人放松的休闲空间**。在这个精心设计的空间里，既考虑到与仆人之间的活动路线，又保留了个人隐私，玛丽·安托瓦内特与自己信赖的朋友、孩子们和自己的丈夫一起度过了和谐安逸的时光。原本在她出生的哈布斯堡家中，除了公共部分以外，其他私人区域是受到严密保护的，所以对她来说，在小特里亚农宫重现这番景象并没有任何不自然的地方。

玛丽·安托瓦内特在这里将令人窒息的束胸衣和裙腰放宽，摘掉繁重的裙撑，改穿舒适的棉质修米兹连衣裙，这种礼服**样式简单没有多余装饰**，令女性穿起来宽松舒适，是重视合理性的革命性设计。与那个为了做给外人看不得不浑身装饰得琳琅满目的玛丽·安托瓦内特不同，这才是她本来的审美，就这样，路易十六风格诞生了。

但是，小特里亚农宫的存在令重视传统和规矩的宫廷人感到不快，作为时尚领袖的玛丽·安托瓦内特穿棉质服装的行为，无疑是对世间昭示她支持敌对国英国（这一时期英国工业革命带动纺织产业蓬勃发展），这对绢布产业较发达的法国来说是一种威胁。宫廷人开始造谣说"王妃在小特里亚农宫中只穿内衣生活，热衷于开情色派对"，这些谣言令市民之间也到处都是关于玛丽·安托瓦内特沉迷于情色的侮辱性言论。

《穿修米兹连衣裙的玛丽·安托瓦内特》，勒布伦夫人（Madame Vigée Lebrun）绘，1783年。全身没有佩戴宝石和首饰，只头戴草帽的王妃是革命性的存在。

👉 建筑·家具

小特里亚农宫中有一座模仿乡村风景的小村落"王妃农庄"和英国风格的风景庭院"风景园"（landscape garden）。当时，正值英国兴起空前的"如画美学"（Picturesque）热潮，再加上思想家卢梭（对自由民权运动产生影响的法国人）"回归自然"的思想也很盛行，所以，这座庭院也是在这些思潮的影响下建造起来的。从王妃的寝室能看到宛如克洛德·洛兰（p222）风景画般的装饰性建筑（Folly）"爱之神殿"。

钟爱这样的乡村风景的玛丽·安托瓦内特，很喜欢**草帽、农具和鸟笼等图案**。与洛可可风格的享乐主义截然相反，这些朴素的

图案显示出她本来的喜好，就像她喜欢的不是当时宫廷里流行的动物系麝香香水，而是玫瑰、茉莉花等清爽的植物系香水一样。

小特里亚农宫中王妃的卧床。布料上的玫瑰图案呈环状垂饰，周围点缀着矢车菊，是典型的路易十六风格。

路易十六风格的家具，从洛可可式猫脚曲线的猫腿变成了像**陀螺尖一样有直线轮廓的细腿**。主题也变成新古典风格的圆形浮雕、浮雕、莨苕纹饰、呈锁链状的玫瑰和月桂树等，在斜格子状的花环中镶嵌玫瑰也是它的一大特色。那个时代还流行整面墙都贴上色彩鲜艳的壁纸。

路易十六风格的陶瓷器皿

比洛可可风格更成熟
比新古典主义更女性化

洛可可风格与新古典风格相融合，
可爱而沉稳的路易十六风格与传统的洛可可风格以及新古典风格的区别

如前文所述，路易十六风格属于小众风格，因为总被划归在洛可可风格的范畴内，所以在陶瓷领域也是难以区分的类型。

分辨它的关键点在于，**其主题和概念颜色中包含了洛可可与新古典两种风格的元素**，为此，与洛可可风格相比它更加成熟稳重，与新古典风格相比它又更富有女性化。

路易十六风格的特征，大量使用将月桂树和橄榄树交织呈链状相连的设计，主题颜色也从洛可可风格的浓绿（华托绿）变成了**橄榄绿**。此外，还有很多以玛丽·安托瓦内特非常喜爱的朴素可爱的**矢车菊**为主题的设计。另外，是否使用了矢车菊蓝也是区分与洛可可风格不同的关键所在。

路易十六风格的特点

器型 器型圆润，但不像洛可可风格那样呈波浪形的轮廓。把手多为洛可可风格。

纹饰 矢车菊、月桂树、橄榄树、玫瑰、珍珠、丝带、农具、草帽、环状装饰、浮雕、圆形浮雕、垂花装饰

颜色 矢车菊蓝、松绿、橄榄绿、粉色

印象 女性化、优美、朴素、知性

路易十六风格的陶瓷餐具

阿图瓦（Artois）
柏图

由国王路易十六的弟弟阿图瓦伯爵（后来成为查尔斯十世）设计。特征是采用月桂树的链状装饰，点缀着矢车菊，颜色是矢车菊蓝。

路维希安（LOUVECIENNES）
哈维兰

赛弗尔 1770 年的作品中有类似的设计。"矢车菊风"图案在路易十六时期深受喜爱，橄榄枝链状装饰也是最具代表性的主题之一。

玛丽·安托瓦内特
利摩日

1782 年，赛弗尔设计的复刻品，包括珍珠链、橄榄绿、矢车菊图案。

舍韦尼（Cheverny）
利摩日

丝带与月桂树相融合的图案。纤细与知性并存，女性化的设计和橄榄绿是它的特征。

赛弗尔玫瑰（Sevres Petites Roses en Or Grand）
赫伦海兰德

斜格子状的链状装饰中镶嵌玫瑰的设计，是路易十六的最爱，也被用在家具和布料上。1960 年发表，是赫伦海兰德第三代继承人的心头好。

Roseille
莱诺

绘有以矢车菊为主题的环状装饰，配色采用矢车菊蓝是其特色。

新古典主义风格
——Neo Classical Style——

☞ **特征**
- 18 世纪中期到 19 世纪流行于整个欧洲。重现古希腊、古罗马的设计
- 对陶瓷器皿的影响很大，诞生了种类繁多的设计
- 在英国流行亚当风格建筑、威基伍德瓷器、赫波怀特式家具
- 在音乐方面，古典派的贝多芬拉开了市民音乐的大幕。在艺术方面，流行人物肤色光泽的神话画

历史的、知性的、理性的
成为近代艺术范本的艺术风格

新古典风格是指从18世纪中期到19世纪，在欧洲全域长期被大家所喜爱的一种艺术风格，文献中多被称为**"新古典主义风格"**（Neo Classical Style），两者含义是相同的。

在艺术风格中，新古典主义风格是与巴洛克风格齐名的主角级风格。对初学者来说，可以大致理解为：**17世纪后半叶到18世纪前半叶是巴洛克时代，18世纪后半叶到19世纪前半叶是新古典主义时代。**

它是遍及绘画、音乐、建筑、时尚、陶瓷器皿等多个领域的艺术风格，此种风格对陶瓷的影响与洛可可风格一样大，新古典主义风格的餐具在19世纪前半叶热潮退却之后，依旧不断诞生出各种各样的主题设计，并且一直受到大众的喜爱。

其特征是**具有历史性、知性和理性**，与之前的洛可可风格完全相反，区别很大。正因如此，能将两者混搭成功的路易十六风格才是堪称高手级的技巧。

综上所述，新古典主义风格，包括之后介绍的帝政风格在内，因为设计范围很广，所以在此我们进行一下梳理，以方便大家理解。

- 正统派的新古典主义风格：以白色系和淡粉笔色系为主，中性风格。
- 路易十六风格：偏向于洛可可风格的新古典主义风格，较女性化。
- 帝政风格：偏向东方主义的新古典主义风格，较男性化。

👉 诞生故事

　　新古典主义风格是**古希腊和古罗马风潮的再次重现**。前文《在了解艺术风格之前》（p130）中也提到过，**古希腊古罗马文化是欧洲文化的根基，曾三度复兴**。让古希腊古罗马文化复兴的是因**达·芬奇和米开朗琪罗**而被大家熟知的文艺复兴运动。这是第一度复兴。

　　随着时代的发展，巴洛克时期的法国并没有出现戏剧性的巴洛克绘画，取而代之的是以**古希腊古罗马文化为范本的知性端庄的古典主义绘画。这是第二度复兴。**

　　到了18世纪后半叶，因为思想启蒙和发掘了庞贝古城遗址而迎来了考古热潮。恰巧在英国，富家子弟之间流行游学旅行，他们带回很多意大利绘画当作礼物，那是一个如画美学盛行的时代。以那些风景画中出现的古埃及和古罗马建筑为参照物建造的新古典主义风格的亚当式建筑掀起空前的热潮。这是第三度复兴，因为是**在第二次复兴古典主义的基础上进一步复兴，所以被称为新古典主义风格**。

　　在这个时代，人类从中世纪以农业为基础的经济过渡到通过工业革命转变为以重工业为中心的现代经济。由富裕起来的资产阶级支撑消费文化的时代终于到来。

👉 建筑·家具

　　新古典主义风格的代表建筑，非亚当风格建筑莫属，它就像把威基伍德的碧玉细炻器的世界观原封不动地封闭起来，给人一种简洁、明亮又沉稳的感觉。亚当风格建筑以英国为中心盛行，一时无两。另外，俄国女皇叶卡捷琳娜二世也非常喜欢新古典主义风格，她不仅在威基伍德订购了一整套"Husk service"，还在凯萨琳宫殿里建造了新古典主义风格的房间。在家具方面，流行赫波怀特式家具，靠背的部分呈盾牌形的椅子至今依旧是古典家具的经典设计。

　　在法国，新古典主义风格时期主要流行路易十六风格和帝政风格。

👉 绘画

　　在新古典主义风格盛行的时代，**国立绘画雕刻学院在法国美术界具有压倒性的影响力**，学院是垄断和支配美术行政及教育的权威机构。**新古典主义风格的绘画既是近代西洋绘画的典范，更是权威**，它重视神话画、历史画和人体素描，写实的画风获得很高的评价。通过学院的美术教育，学生们不仅提高了绘画能力，还能画出与照片一样的画。

☞ 音乐

这个时代的音乐并不叫作新古典主义风格，而是被称为"古典派"（"新古典派"音乐是另一个时代）。**古典派的三大音乐家是海顿、莫扎特和贝多芬。**维也纳之所以被称为音乐之都，正是因为在这一时期诞生了这三位音乐巨匠。海顿开创了古典音乐的基础——奏鸣乐，莫扎特将贵族的娱乐节目歌剧提升到了艺术领域。

古典派中的佼佼者当属莫扎特，他将原本属于贵族娱乐和基督教传教工具的音乐整体提升到艺术的高度，开拓了庶民也能欣赏的"市民音乐"领域，成就无数。由于工业革命提高了钢铁制造技术，这一时期也带动了钢琴（钢琴线）技术的革新，莫扎特在钢琴技术不断提升的前提下，创作出面向未来的乐曲。

新古典主义风格的陶瓷器皿

古典而知性的设计

餐具之王，新古典主义风格
新古典风格之子——威基伍德

洛可可风格、新古典主义风格、装饰艺术风格堪称西式陶瓷餐具的三大艺术风格。

如前所述，工业革命的浪潮终于波及陶瓷领域，因此，当时生产了大量的新古典主义风格的陶瓷器皿，**现在市面上可见的陶瓷餐具中，凡具有古典知性特色的作品，可以说一大半都属于新古典主义风格**，特别是威基伍德，堪称**新古典主义风格的代表**。只不过新古典主义风格与洛可可风格的花草图案不同，算是一种难以辨别的风格。因为是一种知性风格，要理解**纹饰主题本身就需要对希腊神话等具备一定的认知**。如果不了解纹饰的主题及其意义，要分辨出来确实有一定难度。

这一时期，由于**思想启蒙的普及**，博物学研究也得到了发展，其影响直接体现在陶瓷器皿上。这也是为什么**植物学中的植物艺术和海洋学中的贝类标本等在新古典主义时期流行**的原因。

新古典主义风格的范围非常宽泛，路易十六风格和帝政风格都是其中的一部分。首先，让我们结合纹饰主题对正统派新古典主义风格做一个详细的认知。在这个过程中你会深切体会到，越了解新古典主义风格的陶瓷器皿就越发感受到提升对希腊神话等文化修养的必要性。

新古典主义风格的特点

器型　Impro shape 等直线型轮廓，把手笔直延伸，大多呈直角，较男性化的器型。

纹饰　橄榄枝、月桂树、垂花饰、棕榈、圆形浮雕、浅层浮雕、奇形装饰、希腊神话

颜色　粉笔色调（淡蓝、淡绿、淡粉、白、淡黄、浅灰）、金色、银色、彩色

印象　知性、理性、博物学、中性

新古典主义风格的陶瓷餐具

哥伦比亚（Columbia）
威基伍德

新古典主义风格的主题图案——两只相对的狮鹫，19 世纪开始一直长居畅销榜的系列之一。照片中是绿色鼠尾草系列。

舞动时光（Dancing hours）
威基伍德

碧玉细炻器（也称玉石浮雕），是威基伍德的代名词。希腊神话中的时序女神（掌管春、夏、秋的三位女神）穿着古希腊希顿（Chiton）长袍在跳舞。

佛罗伦萨
Ginori1735

以 Ginori1735 为代表的新古典主义风格的直身造型，和将托斯卡纳的风景画收录在铜版画上的具有新古典主义风格的作品。

Husk service
威基伍德

俄国女皇叶卡捷琳娜二世在威基伍德订购的陶瓷餐具系列。盘边用 Husk（谷物的外壳）做成垂花装饰。

陶瓷器皿的基础知识

世界各地的西式陶瓷餐具

从艺术风格了解西式陶瓷餐具

西式陶瓷餐具与世界史

西式陶瓷历史上的重要人物

陶瓷餐具的使用方法

新古典主义风格是威基伍德最擅长的。

在新古典主义风格时代，人们对博物学的热衷带动了植物艺术的流行。

设计	**通过标志特征（Attribute）解读陶瓷器皿中的希腊神话**			

标志特征（Attribute）是指在西方艺术领域，为了识别传说中的、历史上的人物或神话中的众神而使用的带有标志性的图案或特征。举例来说，如果画面中出现桃子、猴子、野鸡和狗，我们马上就会知道这幅画中的少年是桃太郎。在这种情况下，"桃子、猴子、野鸡、狗"就是桃太郎的标志特征。

陶瓷受新古典主义风格的影响，经常以希腊神话人物或故事为主题。了解希腊神话中的标志特征，瓷器上画的是谁便一目了然了。

比如，2021年威基伍德出品的年度纪念盘上，女主人公身边的人物是爱神丘比特，由此可知，盘中所绘的女主人公就是爱神维纳斯。2020年的年度纪念盘上，男主人公身边画有一只雄鹰，毫无疑问男主人公就是众神之王宙斯。

下面介绍在希腊神话中知名的奥林匹斯十二主神。如果手边刚好有以希腊神话故事或人物为主题的陶瓷器皿，不妨拿出来参照下面的标志特征列表，看看画中的人物是谁。

权能	拉丁语	希腊语	中文	主要的标志
全能	Zeus	Δίας	宙斯	雄鹰、雷
生育、婚姻女神	Hera	Ἥρα	赫拉	孔雀
海神	Poseidon	Ποσειδῶν	波塞冬	三叉戟
爱与美之神	Aphrodite	Ἀφροδίτη	阿佛洛狄忒	红玫瑰、爱神
战神	Ares	Αρηδ	阿瑞斯	铠甲、武器
光明之神	Apollo	Ἀπόλλων	阿波罗	竖琴、月桂树
狩猎女神、月神	Artemis	Αρτεμιδ	阿尔忒弥斯	上弦月的头饰、箭筒
酒神	Dionysos	Διόνυσος	狄俄尼索斯	果物的头冠
众神使者	Mercurius	Ἑρμῆς	赫尔墨斯	双蛇杖
丰收女神	Ceres	Δήμητρα	德墨忒尔	麦穗头冠
锻造之神	Hephaestus	Ἥφαιστος	赫菲斯托斯	铁锤，看门犬
智慧与正义战争女神	Athena	Ἀθηνᾶ	雅典娜	盾牌、矛、胜利女神尼刻

既不残忍也不残虐的 "怪诞图案"（Grotesque）

一听到怪诞这个词，不由自主会联想到可怕的东西。

但是"怪诞图案"可不一样。

"丝绸之路"系列（Florentine Turquoise）中的"怪诞图案"

"丝绸之路"是威基伍德特别知名的系列之一。

1874年它第一次出现在威基伍德的记录中，当时并不是描绘在骨瓷上，而是作为皇后御用瓷器的图案使用，直到1880年才开始在骨瓷上使用。1935年，维克多·斯科莱姆对图案进行修改，形成了现在的"丝绸之路"的设计。

丝绸之路系列中使用的条纹式设计就属于"怪诞图案"。所谓怪诞图案，是指将人物、动物、植物加以变化，不断重复组合而成的图案。

意大利语中把洞穴叫作"grotto"，这就是怪诞一词的语源。15世纪，在罗马发现了被埋在地下的已经变成洞穴的宫殿，宫殿内部的壁画上画着奇妙的人、动物和植物，因为是在grotto（洞穴）中发现的古代绘画，所以被称为grotesque（怪诞图案）。

随着时代的变迁越发具有厚重感

文艺复兴三大巨匠之一的拉斐尔将这种怪诞图案用于室内装饰后广受欢迎。虽然在文艺复兴之后，怪诞图案在巴洛克艺术风格时代并没有被广泛使用，但是到了新古典主义时代它又再次重生，而且经过帝政风格和维多利亚时代，它所营造出的氛围变得越来越有厚重感。

在餐具设计上，其特点与阿拉伯式花纹相似，将小巧而充满幻想色彩的人物、鸟兽及花卉等交织组合在一起，并呈对称摆放。丝绸之路系列中所描绘的"狮鹫"也是作为守护神被选作主题图案，这种充满知性与高雅气质的设计，正是威基伍德最擅长的新古典主义风格。这个图案对威基伍德来说也很特别，所以从设计发表至今100多年的时间里，设计出许多不同颜色的系列。如今，grotesque（怪诞）一词的意思发生了变化，从形容怪异的氛围转变成形容"奇怪、奇妙、令人毛骨悚然的东西"的意思，在日语中还会加上"残忍到令人不适"或"生理上的厌恶感"，但在其他国家的文化中并没有这个意思，也不太会使用这个词。

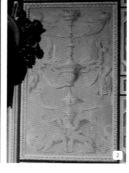

1 和 2：在奥地利洛斯多夫城堡中找到的怪诞图案 / 3：意大利马约利卡陶器上描绘的怪诞图案 / 4：威基伍德 "丝绸之路" 绿松石系列

帝政风格 (Empire Style)

——拿破仑的权威与东方主义——

👉 **特征**
- 图案主题基本上属于古典主义风格。概念色发生变化，多采用原色来展示很强的力量感
- 拿破仑为了彰显自己的帝权而推广的设计
- 与当时流行的东方主义相结合。埃及图案、伊斯兰图案也很受欢迎

昭示拿破仑的野心，
用原色展示力量的风格

Empire在法语中是"帝政"的意思，也被称为帝政风格或帝国风格。流行于拿破仑时代（1804—1815），主要用于建筑、室内装饰、绘画、时尚、陶瓷等领域。

帝政风格的特征是**以新古典主义风格为基础**，因此，很多图案与新古典主义风格相同，它们最大的区别在于概念色发生了翻天覆地的变化。新古典主义风格以白色和浅粉笔色等淡雅色系为概念色，与之相反，帝政风格的概念色多采用**黄金、黑、白、红、黄、绿、蓝等鲜明的原色**，威严感十足。

此外，19世纪前半叶刚好与东方主义时代重叠，这使得**帝政风格中大量使用了埃及、伊斯兰的颜色和图案**，这也是帝政风格不同于其他风格的地方。

帝政风格虽然是小众风格，但在陶瓷领域与新古典主义风格有明显的区分。并且，就陶瓷领域而言，拿破仑时代结束后帝政风格也没有消失，而是与毕德麦雅风格并行发展。

这里有一点不能混淆，虽然在服装和家具领域，随着流行潮流渐退风格也随之发生改变，但在陶瓷领域，帝政风格从拿破仑时代一直流行到维也纳体系时代（1800—1830）。只不过有些文献中并没有明确标注帝政风格，在这种情况下帝政风格的陶瓷器皿通常被划分入新古典主义风格或毕德麦雅风格时代的陶瓷中。市民阶层喜欢毕德麦雅风格，贵族们则喜欢帝政风格。

👉 诞生故事

　　帝政风格直接反映了**拿破仑"在法国重现昔日古罗马帝国风光"的愿望**。拿破仑虽然出身下级贵族，但精通战术，在远征意大利和埃及的战役中崭露头角，最终登上帝王宝座，是成功故事中的典型人物。拿破仑没有王室做靠山，为了向世人昭示自己的权威，他效仿古罗马的皇帝和埃及法老，目的是提高人民的向心力。在装饰领域，加深新古典主义风格的色调以增加力量感，大量使用埃及图案做装饰。

　　对于图案主题，他喜欢鹰、蜜蜂等动物，剑等武器，月桂树、橄榄树等植物，还有狮鹫、纸莎草、蛇、莲花等埃及图案。

　　与此同时，此时代的时尚风格从修米兹连衣裙进化，开始流行**效仿古希腊、古罗马人着装的帝国式连衣裙（Empire style dress）**——修长的高腰线、简约的设计、散发出知性气息的礼服，成为市民革命的象征。

👉 建筑·家具

　　最有名的帝政风格建筑当属**巴黎凯旋门**，它是为了纪念拿破仑得胜而建造的，上面雕刻着头戴月桂桂冠的拿破仑像，以及回纹装饰、卵矢饰等纹饰。另外还有**凡尔赛宫的离宫大特里亚农宫**也十分有特色，建筑物本身是巴洛克时代路易十四时期的产物，但是在拿破仑时代被重新装修，家具和布艺等颜色均采用鲜明的原色，符合帝政风格的特征。小特里亚农宫是路易十六风格（偏向洛可可风格的新古典主义风格），大特里亚农宫是帝政风格（偏向东方主义的新古典主义风格），如果有机会去当地参观，请一定要对比一下两者之间艺术风格的差异。

👉 绘画

　　"拿破仑的首席画家" 雅克·路易·大卫是帝政风格画家的领军人物，他血气方刚，自愿参加了法国大革命。画作《跨越阿尔卑斯山圣伯纳隘道的拿破仑》就是他的杰作，他成功地将拿破仑塑造成英雄的形象。

1805年，雅克·路易·大卫的作品《跨越阿尔卑斯山圣伯纳隘道的拿破仑》，表现了拿破仑在战争中最辉煌的一刻——跨越阿尔卑斯山远征意大利的画面。大卫的画作起到了宣传作用，将拿破仑皇帝塑造成英雄。

帝政风格的陶瓷器皿

属于帝王的餐具——帝政风格
一并欣赏维也纳体系时代的帝政风格

帝政风格是拿破仑效仿古代帝王而创造的风格，因此有很多**象征权力的、男性化的、充满力量感的**图案，是非常酷的风格。因为还结合了东方主义风格的元素，所以**埃及图案也等于帝政风格**。路易十六风格、新古典主义风格、帝政风格，若能清楚区分这三种风格的话，去欧洲旅行无论欣赏建筑还是装饰你都能感受到懂得其中意的快乐，旅行的乐趣也会倍增。

如前所述，在陶瓷领域中帝政风格一直持续到维也纳体系时代。在维也纳体系时代，流行金光灿灿、姹紫嫣红的"花卉画"。因为使用了很多花卉图案，不免令人想到洛可可风格，其实此时代的花卉色调比洛可可风格更深，花与花之间呈叠压式的陈列、略显俗气的金色装饰、器型多为新古典主义风格和帝政风格，从这些特点上可以看出差异。当然，这些特点也可以理解为是帝政风格的一部分。

帝政风格的特点

器型　直线轮廓，杯子把手不是呈直线就是高过杯沿。

纹饰　橄榄树、月桂树、鹰、蜜蜂、莲花、纸莎草、狮鹫、茛苕、棕榈、圆形浮雕、希腊神话中的人物、希腊神话中的属性标志、花卉画

颜色　埃及颜色（原色的红、黄、蓝、绿、黑）、金银（很多茶杯内部全部包金）、色彩缤纷

印象　东方主义、权威的、豪华绚烂的、男性化的

帝政风格的陶瓷餐具

蓝耀金灿（Anthemion blue）
威基伍德

以威基伍德的帝政风格器型"1759 器型"和古代建筑的列柱为图案的人气设计。

康斯坦斯
柏图

象征长寿的橡树叶和橡果，象征成功的月桂树叶，格调高雅。

Consulat
柏图

纪念拿破仑远征埃及而制造的。强而有力的埃及色搭配莲花和纸莎草纹饰。

约瑟芬（Joséphine）
柏图

1804 年出品。绘有拿破仑王妃约瑟芬的肖像，包含高把手、深色调、烫金等融合所有帝政风格的要素。

学院系列（College）
奥格腾

深红色的狮鹫，黑色与金色的对比，彰显权威。

玛丽·安托瓦内特（Marie Antoinette）
奥格腾

1801 年原创。将王妃喜爱的矢车菊蓝用于帝政风格。请留意它与路易十六风格的区别。

陶瓷器皿的基础知识

世界各地的西式陶瓷餐具

从艺术风格了解西式陶瓷餐具

西式陶瓷餐具与世界史

西式陶瓷历史上的重要人物

陶瓷餐具的使用方法

通过泰坦尼克号了解路易十六风格

豪华游轮泰坦尼克号
上的餐厅"À la Carte"使用了皇家皇冠德比的餐具

泰坦尼克号的悲剧

因为电影而广为人知的泰坦尼克号的悲剧，为人类对进步的不懈追求投下一石，为20世纪的科技变革敲响了警钟。1912年，豪华游轮泰坦尼克号在从英国到美国纽约的大西洋首航中因为撞上冰山而沉没于大海，船上约75%的乘客因此丧命，这是历史上最大的游轮海难事故。

19世纪后半叶，欧美各国开始大量应用电力，科学技术取得了飞跃性的发展，电子产品和革新技术以人类从未体验过的速度接连诞生。泰坦尼克号就是在人类无法估量的欲望中诞生的巨轮。

比头等舱更加奢华的顶级餐厅

泰坦尼克号从三等舱到头等舱都有各自专用的餐厅。不过，在头等舱中还有位于头等之上的、特别的餐厅，它就是À la Carte。

这间餐厅并不是由白星航运经营的，不像头等舱到三等舱的餐厅每天更换菜单，它是一间特许经营的餐厅。就如它的名字一样，是提供À la Carte（单品）菜单，选用特别的食材，由法国厨师Pierre Rousseau掌厨的奢华料理。

比起必须在规定时间用餐的头等舱专用餐厅，可以在任意的时间（8~23点营业）想吃什么就吃什么的À la Carte餐厅更受头等舱乘客的欢迎。虽然它比姐妹船奥林匹克号增加了更多席位，但餐厅依旧时时客满。我能理解这种心情，毕竟每餐都是全套餐（full course）的确会令人吃不消。

À la Carte餐厅使用的餐具全部是路易十六风格

给这家餐厅锦上添花的，是英国皇家皇冠德比公司出品的陶瓷餐具。餐厅的室内装饰也是路易十六风格，法国胡桃木屏风、黄褐色丝绸窗帘、青铜柱、金彩水晶吊灯、玫瑰色地毯等，极尽奢华。餐具和室内空间全部统一为路易十六风格的餐厅，精彩绝伦。

当时走在世界最尖端的英国，透着一股"我是第一"的骄傲，随后出现了强行推进事业的风潮，企业家们无形中被逼迫着前进。讽刺的是，这种焦虑导致的盲目扩张和对科学技术的过度自信，最终导致了泰坦尼克号的悲剧。

围绕杯口是一圈用金钟花图案环绕起来的月桂树环装饰，中心是白星航运公司的标志。

英国特有的艺术风格
摄政风格(Regency Style)和伊万里纹饰

不擅长鉴赏英国陶瓷器皿的人大多是因为英国特有的时代区分，
对英国特有的摄政风格有了大致了解之后，再来鉴赏就能体会到各种乐趣了。

英国特有的艺术风格的名称

认为自己不擅长鉴赏英国陶瓷的人不在少数，初学者之所以觉得有难度，是因为英国特有的艺术风格区分。在英国陶瓷领域，除了此处介绍的艺术风格以外，还有很多是按照王朝时代区分的称呼来表示的艺术风格，也就是说，每一个英国王室统治的时代都有不同的艺术风格。首先，从乔治王朝时代到爱德华时代，属于英国正式发展陶瓷的工业革命时代，可参考文中图表。

因为"农民乔治"（Farmer George）的称呼

而被世人熟悉的乔治三世统治时期的"乔治王朝时代"属于新古典主义风格，参看p150。对英国的黄金时代，即维多利亚女王统治时期的维多利亚时代和20世纪初的爱德华时代，我们会逐个做详细说明。在这里，我们先解说乔治四世摄政时期的摄政风格。

乔治四世最爱的伊万里花纹

正直的乔治三世和心地善良的夏洛特王妃的儿子乔治四世，性格与父母完全相反，赌博和丑闻不断，亲子关系非常紧张。后来乔治三世因为精神疾病加重，1811—1820年间由皇太子（后来的乔治四世）代为摄政。挥霍无度的乔治四世在自己还是皇太子的时候，为了建造威风凛凛的宫殿投入了大量资金，并于1815年对"英皇阁"进行改造，印度风格的外观自不必说，内部装饰也全是皇太子最爱的中国式风格。

他出了名地喜欢日本的伊万里烧和金澜手*，于是很多英国瓷厂为了迎合皇太子的喜好，仿照伊万里烧制造出伊万里花纹。迪斯伯里时代正值皇家皇

冠德比的创立初期，他们在1770年制作出东洋风格的伊万里花纹，但当时并非主流商品。到了摄政时期人气飞跃，最终皇家皇冠德比创造出3000种以上的伊万里图案。虽然因为浪费而备受批评，但也因此为文化振兴做出了贡献。

* 金澜手，一种陶瓷彩绘手法。将金箔烧制或用金泥绘制花纹的金色彩绘瓷器。在日本江户时代的元禄时期（1688—1704）十分流行。

👉 英国君主统治时期与艺术风格的关系　要注意艺术风格与统治时期有微妙的差异

时代名称	英国君主	艺术风格
乔治王朝时代 （1760—1800）	乔治三世统治时期 （1760—1820）	新古典主义风格（p150） 哥特式复兴（p164）
摄政时代 （1811—1820）	乔治四世（皇太子）摄政时代 （1811—1820）	帝政风格（p158） 中国式风格（p136）
维多利亚时代 （1837—1901）	维多利亚女王统治时代 （1837—1901）	洛可可复兴（p144） 工艺美术运动（p168）
爱德华时代 （1901—1910）	爱德华七世统治时代 （1901—1910）	工艺美术运动（p168） 新艺术风格（p186）

皇家皇冠德比的
伊万里纹饰

哥特式复兴 (Gothic Revival)

——中世纪基督教风潮再次兴起——

👉 **特征**

- 哥特式风格＋废墟的组合，与英国人"如画美学"风潮趣味相投，再次流行。
- 中世纪基督教的复兴
- 用四叶草形状（quatrefoil）、细长尖锐的窗户（lancet window）、辐射式风格等做图案
- 垂直延伸、尖锐，有一种厚重感，带给人严谨的印象（同一时代流行的新古典主义风格给人以知性端庄的印象）
- 哥特式复兴的同时还流行哥特式小说（怪异小说）

带动英国如画美学风潮，对中世纪艺术的礼赞

哥特式风格是12—16世纪流行的艺术风格。首先要记住，它是**最古老的艺术风格**。

哥特式复兴是18世纪后半期流行，19世纪后半期又再次掀起热潮的艺术风格。**英国的"如画美学"是掀起哥特式复兴热潮的契机**，所以这一风格的主要流行地是英国。也有一些文献中记载"哥特式复兴开始于维多利亚时代（19世纪）"，这是因为维多利亚时代的艺术趣味代言人约翰·拉斯金（p168）对中世纪艺术进行了再度肯定，用哥特式风格营造了世纪末的氛围，使得这一风格再次风行，这里所说的哥特式复兴应指的是"维多利亚哥特"。

👉 **诞生故事**

沉迷于如画美学的英国人，把热情转化成行动，开启了如画美学之旅。英国人被克洛德·洛兰和萨尔瓦多·罗萨画作中所描绘的摇摇欲坠的罗马遗址、破败不堪的废弃城堡所吸引，整个英国掀起了**空前绝后的"废墟打卡潮"**。当时，对一般人来说去意大利看真正的罗马遗址是非常不现实的，于是，英国人开始在国内寻找以前建造的哥特式风

格的废弃的天主教修道院等，并以这种"山寨圣地巡礼"为乐，这就是如画美学之旅（废墟之旅）。

英国历史上，英国国王亨利八世因为想和安·博林奉子成婚被拒而废除了天主教，改信英国国教（新教）。亨利八世下令解散修道院关闭天主教堂，经过漫长的岁月，那些哥特式风格的天主教堂逐渐变成了废墟。

当时发行了很多如画美学之旅的旅行指南，不仅如此还开发出了**"克劳德镜"，即通过玻璃观看风景使风景更加美轮美奂的玻璃凸面镜。**大批英国人踏上旅程，最后，廷腾寺（Tintern Abbey修道院）遗址成为如画美学之旅的圣地，由于太受欢迎，给当地居民造成了严重困扰。

贵族后裔霍勒斯·沃波尔，也是曾经参加过环欧旅行的人，他于1754年与朋友半开玩笑式地建造了契合如画美学特点的哥特风格建筑草莓山庄，并在此完成了他的小说《奥特朗托城堡》，书中描写了一位年轻女子被囚禁在一座宛如萨尔瓦多·罗萨画中阴森的城堡中，**并出现了不计其数的超自然现象的故事，这便是英国哥特小说的开端。**沃波尔建造的令人毛骨悚然的哥特式风格的山庄，和他创作的充满娱乐性的哥特小说，瞬间成为贵族之间的热门话题。一时

间大家都争相效仿他建造起哥特式风格的建筑，同时哥特式小说也开始盛行，就这样，英国掀起了哥特式复兴的热潮。

此外，在英国，与哥特式复兴同时流行的还有新古典主义风格。这是由结束环欧旅行后将卡纳莱托和克洛德·洛兰等所绘的体现古希腊和古罗马文明的画作带回来，并被其魅力所吸引的英国人发起的艺术风格，最具代表性的就是亚当式建筑和威基伍德的瓷器。

同样是在如画美学中孕育而生的两种艺术风格，**哥特式复兴是中世纪基督教的再次复兴，新古典主义风格是古希腊和古罗马文明的重现。**它们所对应的群体不同，需要我们在脑中自己整理一下。

《廷腾寺》（Tintern Abbey修道院），约瑟夫·马洛德·威廉·透纳（Joseph Mallord William Turner）绘，1794年

👉 建筑·家具

英国议会（威斯敏斯特议会）和"大笨钟"都属于哥特式复兴建筑，带有厚重感的高耸的尖塔，是印象严谨的建筑形式。

英国陶瓷器制造商明顿，经过反复尝试成功复刻出**中世纪的瓷砖装饰"镶嵌瓷砖"和"马约利卡瓷砖"**，都被应用在哥特式复兴建筑的瓷砖装饰中。

哥特式风格的主题，有**象征十字架的四叶草（quatrefoil）、源自标枪的细长尖锐的窗户（lancet window）、装饰在塔尖的钩状浮雕、呈放射状网纹图案的玫瑰窗等。**

📖 文学

哥特式复兴是18世纪后半期到19世纪后半期流行的风格，这与人们内心抱有的**世纪末感**不无关系。特别是在媒体发达的维多利亚时代，像"开膛手杰克"（1888年）这样离奇的杀人案，连续多日引起媒体的关注。哥特式复兴虽然是一种艺术风格，但与绘画相比，它与**媒体和哥特式小说（文学）的关系更深**。

哥特式小说是指发源于英国的怪异小说，诞生于18世纪末期，19世纪末期再次复兴。恐怖的故事情节、故事结尾回收浮线、解开悬疑解说各种怪现象，这种形式也被认为是之后的**推理（侦探）小说的起源**。

18世纪后半期登场的最早期的哥特式小说，是典型的悬疑风格的怪异小说，内容包括骑士、被囚禁的主人公、怪物、古堡、盗贼等引发的超自然故事等。同时期爆发的工业革命使得上流社会的淑女（主妇）数量增加，她们成为阅读小说的主力军，这也是充满娱乐性的哥特式小说受欢迎的原因之一。英国女作家安·拉德克利夫创作了充满如画美学的哥特式小说《奥多芙的神秘》（1794年），她被称为"哥特式小说界的萨尔瓦多·罗萨"。

时间推移到维多利亚哥特时期，哥特式小说也完成了进化，怪异的内容也变成复杂的人物描写和追求哲学性的人性之恶的题材，文学性显著提高。代表作品为**罗伯特·路易斯·史蒂文森的小说《化身博士》（1886年）**，是一部文学性极高的作品。留学英国的夏目漱石，在其小说《心》（1914年）中就采用了哥特式写法，不仅仅是作品的构成，包括主题、故事的展开、信的开头等细节都参考了《化身博士》。

则武"Evening majesty"系列咖啡杯与日文版《化身博士》

哥特式复兴的陶瓷器皿

以明顿的哈顿庄园系列（Haddon hall）最有名

在陶瓷领域，哥特式复兴风格主要用于瓷砖装饰上，因此，与其他风格相比哥特式复兴风格的餐具图案种类并不多，最有名的就是明顿的哈顿庄园系列。哥特式风格用色中，蓝色和绿色都比较浓重，这种色调也是区分其他风格的关键。此外，维多利亚哥特式风格对同时代的艺术家威廉·莫里斯产生了很大影响，"莫里斯花纹"反映了中世纪艺术与约翰·拉斯金的思想。

哥特式复兴的陶瓷餐具

哈顿庄园（Haddon hall）
明顿

1948 年出品，设计灵感来源于英格兰古城哈顿庄园中的挂毯，使用了"有明顿代名词"之称的波浪纹"fife shape"。

瓷盘
威基伍德

维多利亚时代哥特式风格的瓷盘。细长尖锐的窗户（Lancet window）和哥特式蓝色都是明显的特征。

SONNET
皇家道尔顿

哥特式风格如挂毯般的图案经过现代加工，淡绿色且纤细的图案很有品位。

爱丽丝
日光

英国维多利亚与艾尔伯特博物馆馆藏系列。以基督教经常使用的百合为图案，绿色搭配蓝色的色调具有哥特式风格特点。

威廉·莫里斯的工艺美术运动
(The Arts and Crafts Movement)

威廉·莫里斯的设计与
维多利亚哥特式风格的关系

与工艺美术运动的关系

威廉·莫里斯的设计，令人仿佛走进了中世纪的童话世界。百货店从很久以前就一直在销售带有莫里斯花纹的商品，是我从小就很熟悉的令人怀念的设计。斯波德和皇家伍斯特都出品过莫里斯图案的马克杯，如今连杂货店和百元店也能见到带有这种图案的马克杯确实挺令人吃惊的。不过由此也可以看出，复古又可爱的莫里斯图案的人气度，比从前更加贴近大众的生活。

但是，说到威廉·莫里斯和他发起的工艺美术运动的关系，对初学者来说可谓充满了令人迷惑的用语。

维多利亚哥特与哥特式复兴有什么区别呢？产生了什么样的影响？莫里斯花纹明明那么复古，为什么要称莫里斯为现代设计之父呢？

"现代设计之父"威廉·莫里斯

工艺美术运动，是威廉·莫里斯感叹工业革命的发达导致工业产品的装饰性水平降低，通过与友人共同创立的公司"MMF"(Morris,Marshall,Faulkner&Company)推行的美学运动。

他以中世纪时代的手工艺为范本，宣扬手工制造精神，特征是在工匠的手工艺（制作物品）中加入艺术要素的应用美术（把艺术要素加入使用工具中）。优秀的设计师创造出的设计，与工匠共同制作，实现了美术与工艺的结合，这项功绩非常伟大，以至于之后的世纪末艺术、新艺术主义、民艺运动、世纪中期现代主义和斯堪的纳维亚设计都成为这一系列概念的继承者。大家在阅读各个艺术风格的章节时，是否留意到虽然他们的设计各不相同，但在追求的方向性这一点上都是一致的，那就是"应用美术"。因此，虽然莫里斯花纹设计风格传统，但莫里斯却被称为现代设计之父。

维多利亚哥特的流行与莫里斯

维多利亚时代中期到后期，哥特式复兴再次流行，被称为维多利亚哥特，它对莫里斯的设计产生了巨大的影响。

莫里斯的朋友约翰·拉斯金是一位艺术评论家，因为他一直对威尼斯式哥特风格盛赞不已，于是有了维多利亚哥特，因此维多利亚哥特又被称为拉斯金哥特，只是有些文献中将维多利亚哥特也统称为哥特式复兴。拉斯金盛赞的建造于威尼斯圣马可广场上的圣马可大教堂和道奇宫，是画家卡纳莱托使用的经典主题，经常出现在他的画作中，对当时英国的知识分子来说是十分熟悉的。

早期的哥特式复兴是借着如画美学趣味的废墟"打卡"潮，从残留在英国的中世纪时期天主教堂获得的灵感。与之相比，维多利亚哥特是结合了拉斯金提倡的中世纪时期的威尼斯哥特风格，这是它们不同的地方。

中世纪时期，威尼斯市民曾被罗马天主教会驱逐，因为他们与阿拉伯世界有贸易往来，吸收异教文化，与纯粹的天主教不同，他们有自己独特的哥特式精神，而这些都反映在威尼斯哥特的装饰风格上。拉斯金对这一点给予了很高的评价，莫里斯也很赞同这种高尚的哲学，认为只有中世纪时期的装饰才是艺术本来应该有的样子。

维多利亚时代刚好处于浪漫主义时代，有着对中世纪英雄传说的浪漫憧憬。在宗教方面，英国掀起了天主教复兴运动，为中世纪天主教的哥特式设计被广泛接受奠定了基础。

另一方面，人们的信仰之心逐渐淡化，这是因

为乔舒亚·威基伍德的孙子达尔文打开了名为《进化论》的潘多拉宝盒，基督教的世界观遭到否定，受到巨大冲击。同时，急速城市化带来了现代化的生活方式，让人们改变了定期去教会的习惯。同一时期受反思潮的影响，信仰复兴运动盛行起来，在主日学校的教育作用下，上千座教堂如雨后春笋般出现在维多利亚时代。

进入世纪末，世纪末症候群之一的哥特式小说和由此派生出的推理小说开始流行。基于拉斯金等高尚哲学的哥特礼赞和教堂建造热潮，以及世纪末症候群掀起的神秘哥特小说热潮，和想要效仿这些风潮的百姓们赶时髦的热潮浑然一体，令维多利亚哥特一时无两。

渗透到现代的莫里斯理念

就这样，提倡艺术即生活的莫里斯商会将产品范围扩大到花窗玻璃、壁纸、家具、纺织品等领域，使用对自然无害的材料，诞生了许多融合了众多概念的杰作。遗憾的是，工艺美术运动、新艺术主义风格、世界末艺术等现代设计的作品，虽然都秉持相同的理念，并成功以高品质打造出品牌，但是对普通百姓生活用品的市场营销略显不足，最终

都成为面向富裕阶层的高级商品。

不过，从那时到现在又经过了100多年，当我们看到商店里的马克杯或是百元店里的杂货都采用了莫里斯的设计时，从某种意义上来说，证明他们的理念终于真正深入人心了。

斯波德的"草莓小偷"
采用莫里斯最负盛名的设计"草莓小偷"（Strawberry-thief），描绘了草莓园的农户因为小鸟总是偷吃自己的草莓而烦恼的画面。莫里斯将维多利亚哥特按照莫里斯风格进行加工，展现了独特的世界观。

毕德麦雅风格 (Biedermeier)
——平静与安息的时刻——

特征
· 维也纳体系时期以德国、奥地利、丹麦为中心流行
· 在维也纳，作为克莱门斯 · 梅特涅的政治政策而流行
· 温馨的家庭氛围是其特征，以中产阶级为中心展开
· 渗透到绘画、音乐、家具、文学、陶瓷等各个领域的艺术风格

在中产阶级中流行，特征是家庭式氛围

毕德麦雅是德语中非常常见的姓氏"Meier"加上形容词"bieder"的用法，意思是诚实，**是维也纳体系时代在德国、奥地利、丹麦等地区流行的艺术风格**，稍晚于浪漫主义登场。

它的特征是营造温馨的家庭氛围，比英国起步晚，在欧洲大陆因工业革命而剧增的中产阶级中传播开来。

诞生故事

法国大革命开辟了民主主义道路，令拿破仑体制落幕，但又被维也纳体系下的旧体制的君主专制再次动摇。维也纳体系时代令好不容易打开的自由主义思想再次封闭，到处都弥漫着一种"放弃"的氛围。克莱门斯 · 梅特涅的政策鼓励积极的市民过上安稳的生活，这刚好与**毕德麦雅"在平凡的日常生活中寻找幸福"**的思想不谋而合。也可以说体现了一种低姿态，为了消灭革命的火种，外面到处是秘密警察和审查制度的镇压，人们希望能在家中度过平和安逸的片刻时光。

👉 音乐 · 家具

在音乐领域，**舒伯特是毕德麦雅风格的代表**，他常在自己的社交圈子里举办个人演奏会（Schubertiade）。了解了这一历史背景，就不难理解为什么奥格腾出品的毕德麦雅风格的器型被称为"舒伯特形"了。

从奥格腾出品的"野玫瑰"系列中也可以感受到毕德麦雅淳朴的乡村风格。在家具的设计上，将之前的新古典主义风格更加简化，多以不加修饰的朴素形态为主，以维也纳为中心流行开来。

朱利叶斯 · 施密德（Julius Schmid）绘《舒伯特》，1896年

👉 绘画 · 文学

绘画主题以**女性和孩童为主的家庭画**和乡村风光的风景画、静物画居多，这个时代**对孩童的描绘基本上是"天真无邪、纯真的理想型小孩"**。据说德国作家坎普（Hermann Adam von Kamp）的小说《阿尔卑斯少女阿德莱德》（*Adelaide, das Mdchen vom Alpengebirge*，1828年）中的主人公就是约翰娜 · 斯比丽的小说《海蒂》（*Heidis Lehr- und Wanderjahre*，1880年）的原型，书中的主人公阿德莱德是一个清秀又知书达理的女孩，整篇故事充满田园牧歌

气息，积极向上，是典型的毕德麦雅文学。

当时的欧洲，类似**阿尔卑斯少女**这种毕德麦雅式的故事比比皆是，《海蒂》中的人物罗登迈尔小姐也是这类作品的忠实读者，其中还有描述她幻想阿尔卑斯少女都是理想少女的画面。然而，海蒂出现了，本该是理想型阿尔卑斯少女的她却是一个在法兰克福屡遭失败，令周围一片哗然的问题儿童。海蒂是一个更有人情味的，内心充满复杂纠葛的少女。由此也能看出，到了19世纪末期，人们开始阅读更有深度的文学作品。

小碎花、小巧可爱的毕德麦雅风格，
大众也能接受的设计

与洛可可风格和新古典主义风格相比，毕德麦雅属于小众风格，因此，很多人是在不知不觉的情况下用上了毕德麦雅风格的餐具。在**毕德麦雅风格的大本营维也纳和德国，很多瓷厂都出品过毕德麦雅风格的瓷器。**

很多人以为毕德麦雅风格是洛可可风格，事实上，洛可可风格更有冲击力，颜色更鲜艳，造型更华美。因为在器型上也是一边倒的曲线，所以**直线线条和简洁的形状是判断毕德麦雅风格的关键**。毕德麦雅风格的初衷是为了让大众能度过安逸平和的时光，因此保留着温和质朴的感觉。下面就让我们参考实际的餐具，来确认它与洛可可风格的区别吧。

毕德麦雅风格的特点

器型　毕德麦雅风格独特的直线线条和简洁的器型，也有洛可可和新古典主义风格的器型。

纹饰　小碎花、环装装饰、小花

颜色　粉笔色（比洛可可风格还要淡雅）

印象　可爱、细腻、朴素

**毕德麦雅
奥格腾**

毕德麦雅风格的代表设计。采用"舒伯特形"，色调淡雅，小碎花是区分的关键。

**Buongiorno flower
Ginori1735**　　**Millefleurs
赫伦海兰德**

毕德麦雅风格的代名词——小碎花图案，很多瓷厂都有出品。柔和的粉笔色、器型都是洛可可风格。

**毕德麦雅花环（Biedermeier garlland）
奥格腾**

1812 年发表，颜色淡雅柔和，可爱的毕德麦雅风格作品。特点是图案小，色调淡。

**欧芹（Parsley）
赫伦海兰德**

哈布斯堡王朝皇帝弗朗茨・约瑟夫一世最喜爱的设计。淡粉色的欧芹搭配纤细的环装装饰。

**雅典娜（Athena）
符腾堡**

以希腊神话中的女神雅典娜为主题，1840—1850 年发明的"grecque shape"。可以看出经过帝政风格的毕德麦雅风格并不仅是单纯的优美。

**勿忘草
赫斯特**

德国赫斯特瓷厂最擅长毕德麦雅风格。可爱的勿忘草小花与帝政风格把手的组合，是典型的毕德麦雅风格。

浪漫主义
——洋溢着浪漫风情的风景画餐具——

 **特征**
- 18 世纪末—19 世纪前半叶流行的风格
- 主题是戏剧性的、浪漫的，允许表达个人感情，对美的表达方式扩大
- 浪漫主义（感性的）与同时代的新古典主义（理性的）的概念是对立的
- 主要在绘画、音乐、文学、戏剧领域使用的风格。不涉及建筑、家具领域

为了反抗新古典主义而诞生的风格，
民众主导的热情与梦想的世界

　　浪漫主义中的浪漫是指Linguae Romanicae（罗曼语，相对知识分子使用的艰涩难懂的拉丁语，是平民使用的通俗易懂的口语）中的"Roman"，是从18世纪末到19世纪前半叶流行的艺术风格。从时代来看，几乎与毕德麦雅风格重叠。浪漫主义以法国、德国、英国和丹麦等为中心，**主要体现在绘画、音乐、文学、舞台剧等领域，并不适用于建筑和家具**。在这点上，与同时期流行的毕德麦雅风格和新古典主义风格不同。在陶瓷领域，出品了很多绘有浪漫主义风格风景画的陶瓷餐具。

　　浪漫主义开始于**欧仁·德拉克罗瓦**带有戏剧性的时代题材绘画。但是，只有戏剧性并不是浪漫主义。纵观音乐、文学等领域，大多是**令人怦然心动的难以割舍的浪漫的梦、幻想、英雄传说和思乡的风景**，还有很多表现爱与死亡主题的内容。热情的**爱（爱与舍。生命与性发自本能的情绪）和死亡（死神。破坏与破灭发自本能的冲动）**，都是浪漫主义重要的主题，在绘画、文学、音乐等领域被反复提及。激动的情绪化的"浪漫主义"与重视理性的"新古典主义"在概念上是对立的，请记住这种对比。

诞生故事

　　浪漫主义的出现体现了西方审美意识的提高。在此之前，在艺术方面，历史画、宗教画、人物画、风景画等，无论哪个分类都追求学院派推崇的"理想之美"，就连表现

喜悦和悲伤也显得过分认真和过于理想化。

　　人类在走向现代化的漫长旅途中，发生法国大革命，开始追求自由平等的自由主义。然后，逐渐发觉坦率真实地表达自己的喜怒哀乐也只一种美，换句话说，就是**将对美的表达范围大幅扩大**。在这点上，可以说由民众主导，诞生出多样美的浪漫主义，举起了反对被称为近代绘画典范的新古典主义的大旗，属于划时代的艺术风格。

👉 绘画

　　浪漫主义的代表画家是欧仁·德拉克罗瓦，描绘法国七月革命的画作《自由引导人民》（1830年）就是他的作品。用真实而充满戏剧性的手法描绘同时代事件的作品，可以说带有戏剧性的时代题材绘画就是浪漫主义的特征。同样是时代题材绘画，但是新古典主义风格描绘的是人物神话，所以两者画风截然不同。

　　另外，**英国的浪漫主义绘画直接受到如画美学的影响**，这一点和其他国家的浪漫主义绘画有所区别。以英国浪漫主义代表画家透纳为例，他从法国冒死穿越阿尔卑斯山到意大利旅行，他深受克洛德·洛兰的影响，参考如画美学的作品，不仅模仿更加以改进并开创有自己独特风格的浪漫色彩的风景画。无论是**戏剧性的绘画，还是浪漫色彩的绘画，两者都属于浪漫主义。**

欧仁·德拉克罗瓦绘《自由引导人民》，是以1830年法国七月革命为题材，带有戏剧性的浪漫主义绘画。

👉 音乐

　　浪漫主义令人最熟悉的就是音乐，在西方音乐最鼎盛的时代，大部分被称为古典音乐家的人物，都属于这个时代。音乐领域的浪漫主义时间很长，几乎整个19世纪都是浪漫主义时代。

　　最具代表性的浪漫钢琴曲的代名词是肖邦。维也纳体系崩塌之后的19世纪后半期，关注各个民族的浪漫主义音乐开始崛起，例如理查德·瓦格纳那种鼓舞德意志民族的歌剧，充满了爱国热情的斯美塔那的作品《我的祖国》等。随着市民生活丰富起来，对音乐的需求也越来越高，这一时期诞生了多种多样的音乐类型。

因音乐剧而被大众所熟知的**法国作家维克多·雨果的小说《悲惨世界》**，描写了法国七月革命后爆发的六月起义中的路障战斗，开创了带有戏剧性的浪漫主义文学。

在浪漫主义文学中，对大多数人来说最熟悉的是**丹麦浪漫主义作家安徒生**，他笔下的《卖火柴的小女孩》，与毕德麦雅风格一样，都以纯洁天真的孩子作为主人公，以爱与死亡为主题，是非常典型的浪漫主义文学作品。

浪漫主义陶瓷餐具

描绘着令人怀念的风景画

描绘自然风景画的餐具
乡愁与憧憬交织出浪漫的世界观

在陶瓷领域，浪漫主义与其他风格不同，并没有明确的判断基准。但是，有很多陶瓷器皿都受到浪漫主义的影响。在浪漫主义十分流行的英国，同时期还迎来了铜板转印技术的革新，19世纪，借着如画美学的风潮，**风景画的铜板转印陶器器皿**被大量制造（例如"野玫瑰"等系列被出口到日本出岛）。

同样是以浪漫主义的主题——乡愁和憧憬为意象构建出的浪漫世界观，新古典主义风格的风景画陶瓷器皿"俄皇之蛙"（the Frog Service）采用充满理性和学术性的绘画手法。与之相反，浪漫主义风景画则充满了幻想、异国风情与令人怀念的乡愁，此种绘画手法令人共情。

浪漫主义的特点

器型	大多是洛可可风格和新古典主义风格	纹饰	如画美学的风景画、异国风情的风景画、海洋与帆船、田园风光、湖区
颜色 	铜板转印色（红色、粉色、蓝色、紫色、绿色）、彩色	印象	牧歌、情趣、乡愁、异国情绪

浪漫主义的陶瓷餐具

布尔根兰州（Burgenland）
德国唯宝

奥地利布尔根兰州的风景，展现了德国浪漫主义的田园风光，唤起人们的思乡之情。娴静的田园风景是其最大的特征。

爱丁堡（Edinburgh）
Alfred Meakin

将英国浪漫主义画家约翰 · 康斯特布尔（John Constable）的杰作《干草车》放入设计中。娴静的田园风景画和模仿浪漫主义画家的作品，特征是如画美学。

Tree of the Gods（树神）
C&WK Harvey

1835—1852 年浪漫主义时期的古董，描绘了充满异国风情的风景。充满东方风格的浪漫风景画与如画美学相结合。

莱茵风景
赫斯特

德国赫斯特瓷厂的代表作。充满德国浪漫主义气息的田园风景画，浪漫满溢。

日本主义 (Japonisme)
—新艺术风格诞生的契机—

☞ **特征**
- 19 世纪后半期到 20 世纪初期，以法国为中心流行于欧洲
- 日式风格首次从与中国混同的中国式风格中独立出来。不再只是单纯的模仿、复制纹饰，更是将日式美学融入其中
- 西方对审美的需求，来自日本明治政府提供的日本产品和欧洲的政治意图奇迹般地吻合

主题是日本的花鸟风月、浮世绘的构图和平面的轮廓线描写

Japonisme在法语中是日本主义的意思（英文是Japonism），19世纪后半期到20世纪初期，以法国为中心流行于整个欧洲，主要应用于室内装饰、绘画、音乐、时尚和陶瓷领域。

日本主义的特征：**日式设计第一次被明确地**从长期以来西方笼统地将它与中国、印度等一同纳入的"中国式风格"中区分开来。从设计模仿开始的"日本主义"（日式趣味，单纯地抄袭日本设计，将日式图案画在图画上等，仅出于趣味的流行），逐渐升华为**融入日本人审美意识的日本主义风格**，这是它与中国式风格最大的区别。

日本主义给一直以来只在西方式规范中思考和思维的西方带来了巨大的冲击，成为新艺术风格诞生的契机。日本主义是**融合了日式精神的风格**，包括与以往的中国式风格的区别，我们需要把握整体。

这一转变当然少不了陶瓷领域，这一时期以英国的皇家伍斯特为代表，很多瓷厂都开始制造日本主义风格的陶瓷器皿，它是十分重要的艺术风格。

☞ **诞生故事**

19世纪末，正如世纪末艺术和新艺术风格所述，是打破各种艺术规范的时代。

对美术界来说，最大的冲击要属**照片的**

出现。1826年世界上诞生了第一张照片，美术界一直以来追求的目标"把眼睛看到的东西用绘画表现出来"的技术，瞬间被另一种

技术轻松取代。画家保罗·德拉罗什在看到照片后留下这样一句话："从今天起，绘画已亡。"由此可见照片的出现无疑对美术界造成了巨大的冲击。

以此为界，从19世纪后半期开始，美术界进入了**追求只有艺术才能做到的事情的时代**。只有艺术才能做到的事情，迄今为止有什么可以超越西方绘画呢？就在西方人不断摸索的时候，从日本出岛出口的陶瓷器皿的包装上的浮世绘引起了他们的注意，在那里，有一个完全无视西方绘画规范，令人震撼的世界。

没有立体感的平面图画、刻画清晰的轮廓线刻、从未见过的从斜上方俯视人物的构图、对花鸟风月的热爱、把日常生活的风景当作题材毫无寓意地随意描绘出来，无论哪一个都很新鲜。对当时的西方人来说，什么是"只有艺术才能做到的事情"，答案正是浮世绘。

1867年正值大政奉还，幕府倒台，结束闭关锁国的日本正式开始出口贸易。由于日本目睹了非洲和亚洲相继成为欧洲殖民地，所以对明治政府来说西方是一个威胁。为了不让日本沦为殖民地，出口产品其实也是出于一种政治目的，为了让欧洲各国承认日本在文化上的技术实力，保持日本作为一个国家的独立性。

综上所述，日本主义就是**西方对美的需求与日本艺术品供给和其中包含的政治意图奇迹般地相互吻合**所引发的空前日本热。

👉 绘画

日本主义刚好与印象派画家们活跃的时期重叠，给他们带来很多影响。莫奈和梵高等印象派画家都喜欢收集日本美术品，并作为自己的创作灵感。印象派绘画中能看到的纵向的构图、平面的形状、从斜上方俯瞰的视角，都受到日本绘画的影响。雷诺阿是印象派画家中唯一一个出身工人阶级的画家，**他曾经是一名陶瓷彩绘师**，所以出自他笔下的花卉都如同陶瓷彩绘般美丽。

《紫与玫瑰：六大标志的兰格莱森》，惠斯勒1864年绘。活跃于英国的惠斯勒是有名的瓷器迷。

👉 室内装饰

惠斯勒画中所描绘的房间里的样子，在英国维多利亚时代受到资产阶级的追捧。当时在房间里装饰中国或日本的小摆件被认为是有品位的象征，日本主义的室内装饰与同时期流行的维多利亚哥特和洛可可复兴浑然一体，形成**独特的繁复装饰——维多利亚风格**。

在法国，日本主义成为知识分子在给

自己的房子做装饰时演绎东方氛围的必备之选。不仅是服饰和陶瓷，还有屏风、佛像、刀柄、荷包、香盒等也自然地融入了他们的生活中。在西洋风格的室内摆放日式风格的小物件，这种搭配方式在法国现代装饰领域被传承至今。

日本主义陶瓷餐具

空前的
日本纹饰热潮

日本主义陶瓷按照年代来区分
了解它与中国式风格的不同

毫无疑问，日本主义对陶瓷的影响也非常大，这一时期欧洲的各个瓷厂纷纷将日式风格元素引入陶瓷制造中。

只是对初学者来说想一眼分辨出日本主义和中国式风格还是有难度的。特别是**梅森的柿右卫门纹饰，不少人认为"这怎么看都是100%的日本图案，应该是日本主义吧"**，其实它被分类在中国式风格里，这就是日本主义比较复杂的地方。梅森的柿右卫门纹饰是**诞生于中国式风格时代的日本图案**，所以归类在中国式风格的范畴。

18世纪

19世纪后半叶—20世纪前半叶

梅森的柿右卫门纹饰是中国式风格

皇家伍斯特的仿萨摩烧是日本主义

日本主义的特点

器型		带有竹子或树枝等植物图案的个性化把手
纹饰		松竹梅、菊花、牡丹、昆虫、小鸟
颜色		乳白色、古伊万里风格的颜色、九谷烧风格的颜色
印象		幻想的、情趣的、日本趣味

日本主义的陶瓷餐具

小咖啡杯与杯碟
哈维兰

仿萨摩烧,把手用藤条制成。日本主义的大本营——法国特有的陶瓷餐具

金彩红枫叶景图
老萨摩烧美山

明治时期和大正时期出口欧美的老萨摩烧美山的作品。在茶杯上加上把手是日本制瓷器才有的十分有趣的器型。

小咖啡杯与杯碟
威基伍德

威基伍德也制造了大量日本主义的餐具。这款在彩瓷上涂一层乳白色釉,做成萨摩烧风格。

瓷盘
威基伍德

约 1900 年制造。像萨摩烧一样,涂成奶油色的素坯上画着代表日本的花鸟风月。

陶瓷器皿的基础知识

世界各地的西式陶瓷餐具

从艺术风格了解西式陶瓷餐具

西式陶瓷餐具与世界史

西式陶瓷历史上的重要人物

陶瓷餐具的使用方法

世纪末艺术
——颓废与前卫的现代设计——

世纪末艺术（fin de siècle art），是指19世纪末到20世纪初（到第一次世界大战为止），以法国、英国和维也纳等为中心流行的风格。根据文献记载，在类别上它属于新艺术风格的一种。正确来说，本文介绍的并不是包含法国和英国的广义上的世纪末艺术，而是狭义上的**"维也纳分离派"（别名Sezession）**，因为在日本提到世纪末艺术时，多数都是指维也纳分离派的缘故，适用于建筑、绘画、文学、室内装饰、家具等。

世纪末艺术的特征：幻想的、颓废的、悲观的、唯美的美学，与革新的、前卫的美学同时并存。绘画和文学主要采用前者的美学设计，家具等则采用后者的美学设计。文学上采用了前者的颓废和悲观美学，维多利亚时代的哥特小说在英国再次流行起来。

因为世纪末艺术属于小众风格，所以很容易被同时期兴起的新艺术风格所掩盖，若有机会去维也纳旅行，或者参观奥格腾和Lobmeyr（维也纳老牌玻璃品制造商）的时候，如果对世纪末艺术风格有所了解会觉得乐趣倍增。

👉 诞生故事

在新古典主义时代，在人类漫长的绘画历史中，终于出现了"将看到的东西原封不动地拍下来的照片"这种写实技术，对于在现皮肤的质感和布匹的褶皱等，再没有比拍照能更真实地描绘原貌的技术了。

由于确立了这种将实物原封不动的完美重现的技术，为了能超越这一技术，经过摸索最终在法国的印象派和维也纳的分离派中找到了结果。分离派是因为从学院派（维也纳Künstlerhaus艺术家协会组织）中分离出来而得名。

与此同时，**通过巴黎大改造和维也纳大改造的城市规划**，不同种族和民族的人聚集到美丽的大都市，他们带来的多样性价值观，刚好在这一时期开始盛行的咖啡文化中得以频繁地交流，从而萌发出世纪末艺术这一新兴文化。

👉 建筑 · 绘画

维也纳最有名的世纪末建筑，是位于皇宫斜对面，由阿道夫·路斯设计建造的"路斯楼"（Looshaus）。虽然它看上去是一座极为普通的建筑，但在当时"无装饰"是非常具有划时代意义的，当时虽然恶评如潮，但是对今天的我们来说却是"理所当然的建筑"，由此可以证明这栋建筑的时代超前性。

天才画家古斯塔夫·克里姆特（Gustav Klimt）是世纪末艺术最著名的代表画家，他的画风也受到日本主义在背景上贴金箔的影响，粉丝众多。他的世界观是融合了爱神（性爱的本能）与死神（死亡的本能）的颓废唯美的美学，爱神与死神也是浪漫主义的主题。克里姆特把弥漫在世纪末的人类的不安与苦恼，同时又包含着喜悦与陶醉的情感，一起融入装饰性的绘画之中。

他把自己的情人同时也是设计师的艾米莉·露易丝·芙洛格当成模特创作的绘画也十分有名，画中她摘掉束缚感十足的紧身胸衣，穿着自己设计的新式时装。比新艺术时尚的紧身胸衣领先一步的服装改良运动，在

维也纳已经悄然兴起。

古斯塔夫·克里姆特的《吻》，1907—1908年创作。贴满金箔的背景受日本主义的影响。男女服装上的几何图形等，都有着丰富的象征意义。

世纪末艺术风格的陶瓷餐具

前卫的设计

虽然原创时代没有生产陶瓷器皿
但如今有机会欣赏世纪末艺术风格的陶瓷器皿

遗憾的是，世纪末艺术时代正赶上著名的维也纳瓷厂遭遇关闭的厄运，所以陶瓷领域在这一时期是空窗期。进入20世纪，对继承维也纳设计的奥格腾做出贡献的设计师约瑟夫·霍夫曼，是与克里姆特齐名的世纪末艺术的领军人。他和克里姆特创办的维也纳分离派成员们一起于1930年开设了维也纳工作室，这是一间综合艺术工作室，分为金属、皮革、金银细工、家具、装帧5个部

门。工作室旁边是老牌玻璃制造商Lobmeyr的展示厅，霍夫曼为他们提供了仿佛令人预感到未来的先驱设计"Hoffmann black"。

如今，和莫里斯图案的陶瓷餐具一样，虽然市面上销售的绘有克里姆特画作的陶瓷餐具并非原创时代所生产，但让我们可以有机会近距离地接触和欣赏世纪末艺术风格的优秀作品。

杯上绘有克里姆特的
《吻》

左后：Lobmeyr的
"Hoffmann black" /
右前：奥格腾
"Melone"（哈密
瓜）。两件作品均出自
维也纳分离派艺术家约
瑟夫·霍夫曼之手

陶瓷器皿的基础知识

世界各地的西式陶瓷餐具

从艺术风格了解西式陶瓷餐具

西式陶瓷餐具与世界史

西式陶瓷历史上的重要人物

陶瓷餐具的使用方法

新艺术风格 (Art Nouveau)
——植物的流动性曲线美——

☞ **特征**
- 流行于 19 世纪末—20 世纪前半叶。与世纪末艺术和美好年代（Belle Époque）同时期
- 主题是优美而清纯的。概念色以平稳的淡浊色为主
- 特征是植物的流动性曲线美，昆虫主题也有很多
- 在美术领域，以画家阿尔丰斯·穆夏为代表。玻璃工艺品领域有艺术家埃米尔·加莱、道姆兄弟和勒内·拉里克

流行于巴黎黄金时代的优美的、女性主义的"新艺术"

法语"Art Nouveau"是新艺术的意思，英文称为"New art"，指从19世纪末到20世纪前半叶（到第一次世界大战前）以巴黎为中心流行的艺术风格，在此时代，几乎与世纪末艺术重叠。新艺术风格陶瓷的设计是多种多样的，现在依旧人气很高，美术馆经常举办特别展，欧洲街道上也随处可见新艺术风格设计，让我们结合绘画作品和工艺品来好好记住它吧。

新艺术风格的特征是以**优美、女性主义、清纯、神秘**等为主题。19世纪后半叶在巴黎举办的世界博览会掀起了日本主义风潮，因为有这个时代背景，所以新艺术风格中有很多以日本人喜爱的**植物、昆虫和自然风景**为主题的元素。

新艺术风格流行于**巴黎的黄金时代——美好年代**。美好年代的法语是"Belle Époque"，与同一时期英国的黄金时代"Good old days"是同义词，形容的是**19世纪末到20世纪初巴黎繁荣而华丽的文化**，即大家印象中的"艺术之都巴黎"的时代。

Q&A

Q：如何区分美好年代和新艺术？

A：美好年代和新艺术所适用的领域不同。新艺术是用于建筑、家具、室内装饰（当然也包括陶瓷器皿）和绘画等艺术领域（艺术风格）的称呼。而美好年代涵盖了娱乐、体育、电子产品等衍生出的生活方式和社会规范，也包括文化和艺术领域，涵盖范围很广。可以理解为：新艺术是美好年代文化中的一种。

👉 诞生故事

如世纪末艺术所述，19世纪末是一个**打破各种绘画规范的年代。**

随着摄影技术的登场，人们意识到已经不再需要用绘画来复制眼睛看得见的东西，这令美术界大受打击。多年以来美术界苦苦追求的目标，被照片技术瞬间实现，各国的学院派都开始打破绘画的规范，向着"只有绘画才能表现"的方向转变。**法国的印象派、维也纳的分离派和英国的拉斐尔前派**（打破英国皇家学院派尊为范本的拉斐尔的团体），他们不顾以前只允许画神话人物的裸体画的规矩，开始画赤裸的夫人，打破了一个又一个禁忌。

新艺术就是在这样已有的美术氛围下诞生出的"新的"艺术风格。

👉 绘画

新艺术中最受欢迎的画家是穆夏。日本也有很多他的粉丝。通过柔和的曲线展示女性之美，搭配卷曲的植物做装饰性的描绘，用对人类同等的爱来描绘植物，如同漫画一般清晰可见的轮廓线，都是受到日本主义的影响。新艺术前期的作品主要是面向大众推出的广告海报画，这也是迄今为止由王公贵族主导的艺术被民众主导所取代的证明。

👉 玻璃工艺品

在这里希望大家一定要记住，用新艺术时期的新材料——玻璃制造的工艺品。**埃米尔·加莱、勒内·拉里克、道姆兄弟**，这四位玻璃艺术工匠堪称大师，他们在新艺术时期的作品的特征：在乳白色半透明的玻璃材料上镶嵌植物、昆虫、水边风景等元素。**行云流水般的曲线美、幽邃的景色**，将新艺术概念淋漓尽致地展现出来。

埃米尔·加莱出生于以园艺与新艺术风格著称的城市南锡。在普法战争之后，由于阿尔萨斯-洛林割让给德国，很多企业和艺术家都移居到留在法属地区的南锡，带动了新艺术文化的繁荣。日本明治时期的森林官员高岛北海留学南锡时与加莱曾有过交流，由此可以看出，普法战争的影响和日法交流带来了新艺术。

埃米尔·加莱的花瓶作品《水中植物》，1890年制造
（照片由日本井村美术馆提供）

幻想的
植物与昆虫

将日本主义升华为西洋风格的新艺术
充满情趣的世界观与丰富多彩的设计

新艺术风格的陶瓷餐具是丰富多彩的，虽然种类繁多，但和其他美术工艺品一样，展现的都是**植物流动般的曲线美，主题是植物和昆虫，充满神秘情趣的世界观，主题颜色多以淡浊色为主。**皇家哥本哈根在这一时期开发出的**釉下彩（underglaze）**也是其特征之一。像牛奶一样融化的淡浊色动物雕像，正是新艺术陶瓷的代名词。将日本主义升华成西洋风格的作品不计其数。

新艺术风格的特点

 器型  蝴蝶、蜻蜓、花卉、竹子、树枝等个性化形状的镶嵌把手

 纹饰  玫瑰等西洋植物、昆虫、小鸟、果实

 颜色  钴蓝色、淡浊色

印象  幽邃、神秘、幻想、情趣、清纯

仲夏夜之梦（Midnight summer dream）
皇家哥本哈根

1900 年展出于巴黎世界博览会。阿诺德·克罗格作品的复刻版，原名玛格丽特（Marguerite），特点是采用了釉下彩。

瓷盘
皇家哥本哈根·伯斯勒姆时期

受日本主义影响，施以金粉，所绘植物有流动般的曲线。盘中所绘之花是西方植物。

蓝玫瑰
大仓陶园

优美的玫瑰图案，晕染出梦幻般的氛围，这是与洛可可风格不同的地方。

彩绘瓷盘
早期则武（Early Noritake）

描绘有玫瑰花和果实，充满流动的曲线美和淡浊色，梦幻的图案是区分的要点。

蝴蝶把手的茶杯和茶碟
日本制

从新艺术时期到装饰艺术时期日本制造的蝴蝶把手，杯身绘有植物图案。

Imperatrice Eugenie（欧仁妮皇后）
哈维兰

1901 年发表，图案是维多利亚时期流行的紫罗兰。

装饰艺术风格 (Art Deco)
——现代的直线和曲线组成的几何图案——

👉 **特征**
- 1920—1940 年以美国为中心在全世界流行。处于第一次世界大战与第二次世界大战的战间期
- 特征元素是直线和几何学图案。主题色是偏黑的颜色
- 装饰艺术风格是人类追求的艺术风格的终点，是现代设计的基础
- 美术界有塔玛拉·德·兰姆皮卡。现代女性走进帅气的时代

文化的基点第一次从欧洲转移到美国
美国的黄金时代，前卫风格

法语"Art Deco"意为装饰的艺术，Deco是英语Decoration的缩写，指从1920年到1940年左右，以美国为中心在全世界流行的艺术风格，诞生时刚好处于第一次世界大战和第二次世界大战之间，即战间期。当时在发达国家中非常流行，日本正值**大正摩登文化**的时代，直接无缝衔接到装饰艺术时代。装饰艺术风格的特征之一，是令**艺术风格的中心第一次由欧洲转移到美国**，并且，风格的主题变更为现代的直线和曲线的几何图案。

👉 **诞生故事**

　　装饰艺术风格仿佛是专为流行而诞生的。**20世纪20年代，是美国的黄金时代和爵士时代**。第一次世界大战之后欧洲已经疲惫不堪，此时的美国则进入高楼林立的时期，冷冰冰的高层建筑群与几何图案的装饰艺术风格十分匹配。若换成类似工匠技艺那种高品质、高价格的新艺术的话则无法实现这种效果，因为装饰艺术风格是一种低成本设计。

　　在时尚领域，从20世纪初开始紧身衣逐渐被淘汰，到了20世纪20年代紧身衣已经完全消失。新艺术时代强调女性的曲线美，所以用紧身衣把腰部勾勒成蜂腰形很符合新艺术时代的时尚风格。但是装饰艺术风格的概念是直线，所以女性的礼服线条也变成了直线，在漫长的西方女性时尚史上，第一次进入了低腰线的时代。迄今为止，欧美的时尚女装更多是掐腰或高腰设计，所以这种低腰线设计非常新颖，具有划时代的意义。

就这样，西方国家摒弃了他们一直以来重视的细腻的装饰美、紧身衣、音乐和绘画的传统规则，孕育出一种适用于现代社会的、全新的价值观。

装饰艺术风格是现代图案的基础，所以当你看到某种装饰或艺术风格觉得它"很现代"，那几乎都是装饰艺术风格之后的产物。因为在装饰艺术风格之前，无论哪一种风格都不会让人觉得时髦，古典印象总是挥之不去。

从18世纪开始，几乎所有文化领域都在做一件事，那就是一边任由新旧价值观相互碰撞产生争执，一边开拓新的道路。直到20世纪20年代装饰艺术风格出现，这条漫长的艺术风格之路终于迎来了终点。

装饰艺术时代的装饰、建筑、艺术、音乐、文学、时尚，即使是在100多年后的今天来看也不会觉得过时，就从这一点上也能证明它是非常重要的艺术风格。

英剧《唐顿庄园》中出现的礼服。用装饰艺术风格时代的时尚展示了时尚历史中一个完整的形态。

👉 绘画

装饰艺术风格的代表画家是塔玛拉·德·兰姆皮卡，这幅兰姆皮卡的自画像就是对装饰艺术风格最精准的呈现。

画家本人也是一位新时代的女性，恰逢这个时代，刚好与前卫的女性形象相匹配。当时最流行的是汽车，兰姆皮卡画笔下并没有让男性开车，而是由女性自己驾驶，这种绘画方式让人感受到一种强大的力量，仿佛在说"女性要顺应时代潮流（不靠男人），自己的人生应该由自己掌控。"

这也难怪，出生于俄国的兰姆皮卡，在俄国革命的冲击下，不得不被背井离乡，与大批俄国人一起逃亡，从巴黎到瑞士、纽约、墨西哥等地一路靠自己的力量生存下来。手握方向盘自己驾车的女性，即使是生活在现代的我们来看，也丝毫不觉得过时。

这幅画的特点是全部用"素色"完成，

《自画像》，塔玛拉·德·兰姆皮卡绘，1925年。

整幅画中没有任何蕾丝、图案和细腻的装饰，这种排除一切装饰的绘画方式只突出一个印象——简洁。另外，画作的色调（颜色的区域）使用了带有黑色的"浊色"。画家将装饰艺术风格**"男性的、都市的、现代的、成熟的"**的印象通过作品准确且直接地表达出来。

装饰艺术风格的陶瓷餐具

都市感的设计

靠器型和主题色来区分
时尚高冷的Art Deco

装饰艺术始于与迄今为止的艺术风格截然不同的风格，几乎没有古典元素，大多是带有都市感的"时髦"设计，因此，只要掌握诀窍，相对来说是比较容易理解的。广泛普及的现代陶瓷餐具基本上都是以装饰艺术风格为基础的，所以如果你能区分洛可可、新古典主义、装饰艺术这三大西式陶瓷器皿的艺术风格，就能加深鉴赏时的乐趣。

装饰艺术时期正值日本大正时期，属于战前摩登文化时代，所以，从这一时期开始，日本品牌制造的西式陶瓷餐具也越来越多。

有一点需要注意的是，英国的装饰艺术有其独特性，多以明亮柔和的粉笔色作为主题颜色，用蝴蝶和花卉造型做茶杯把手的作品也相对较多。与其他国家把装饰艺术的主题色——浊色忠实地呈现在餐具上的情况略有不同。

装饰艺术风格的特点

器型　直线轮廓、棱角分明的器皿也有很多

纹饰　直线（像用直尺画出来的）、曲线、几何图案、波尔卡圆点（Polka dot）

颜色　黑色、浊色（带有黑色的颜色）、辉彩，英国器皿多使用淡粉笔色

印象　现代的、成熟的、都市的、男性的

瓷盘
早期则武（Early Noritake）

1918 年（大正 7 年）的作品。充满装饰艺术的要素，是装饰艺术风格的代表作品。最大的特点是将辉彩、黑色和浊色混合使用的彩绘。

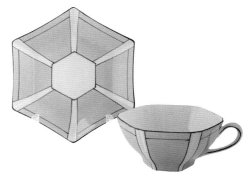

茶杯与茶碟
早期则武（Early Noritake）

1918 年（大正 7 年）的作品。从器型看一眼便知是装饰艺术风格，直线形与黑色和浅蓝色搭配出摩登味道。

Labirinto
Ginori1735

Ginori1735 的艺术总监、意大利现代设计先驱吉奥·庞蒂（Gio Ponti）1926 年创作的作品。他热爱新古典主义，此作品是他将回纹图案加以改动的设计。

Melon（哈密瓜）
奥格腾

1930 年的作品，又名"Hoffmann Melone"。维也纳代表设计师约瑟夫·霍夫曼根据不同时代，为世纪末艺术、新艺术、装饰艺术提供了不同的设计。

Fruit Border Pattern
Shelley（雪莱）

将装饰艺术推向高潮的英国著名瓷厂 Shelley（雪莱）1930 年代的作品。采用现在依旧深受人们喜爱的 Queen Anne Shape。Shelley 瓷厂已于 1966 年关闭。

花卉把手的茶杯和茶碟
Aynsley

明朗柔和的粉笔色是英国装饰艺术风格的特征。茶碟的形状与 Shelley（雪莱）一样，是四角形的。

Q&A

Q：新艺术（Art Nouveau）与装饰艺术（Art Deco）的区别

A：两者最大的区别就是印象。新艺术是柔和的、女性化的，多少带有一些古典气息。与之相对，装饰艺术是直线的、男性化的、较现代的风格。

	新艺术（Art Nouveau）	装饰艺术（Art Deco）
发源地	欧洲（巴黎）	美国
元素	曲线、植物、不对称的	直线、几何学图案、对称
主题颜色	淡浊色	浊色
印象	女性的、古典的、优美的、神秘的	男性的、都市的、现代的、洗练的

设 计 ｜ **现代设计餐具**

现代主义（Modernism），是指否定传统的价值观和思想，重视现代的个人主义文明的思想。以工艺美术运动为开端，关于现代设计商品的制造，我们在前文关于莫里斯和斯堪的纳维亚设计的部分已经做过介绍。

从狭义上来说，现代设计是指从20世纪初期到中期出现的大正现代主义、北欧现代主义和世纪中期现代主义等，广义上是指20世纪至今所出现的所有革新性设计。在陶瓷餐具领域，在店面和说明文中一般指的都是后者——广义的现代设计的餐具。以简约、多功能性、时尚的设计为特征，与现代住宅环境相匹配的风格简约的餐具，是现在众多陶瓷制造商的主打商品。

皇家道尔顿
Pacific（海
洋）系列

陶瓷器皿的基础知识

世界各地的西式陶瓷餐具

从艺术风格了解西式陶瓷餐具

西式陶瓷餐具与世界史

西式陶瓷历史上的重要人物

陶瓷餐具的使用方法

安徒生《没有画的画册》中令人眼花缭乱的艺术风格

我们应该阅读哪本书才能把至此为止在本书中学到的知识得以应用呢？
答案是《没有画的画册》。
书中包含了很多学过的知识，读后会有一种醍醐灌顶的感觉。

用《没有画的画册》来复习本书

在这部作品中，随处可见在本书中学过的知识，读过之后会不自觉地惊叹故事中的世界观被完全改变。

《没有画的画册》一书中，主人公月亮每天晚上都会出现在住在阁楼上的贫穷画家的身边，给他讲述自己看到过的美景和数不尽的见闻故事，并希望他能把它们都画下来。月亮讲的每一个故事都是优美动听的，有的读者喜欢它营造出的浪漫的氛围，但也有读者因为内容难以理解而无法融入其中，但是，如果大家认真阅读过本书，就会发现故事中所描写的历史背景是维也纳体系时期，月亮讲的故事画面也并非单纯的图画，而是用文字将符合当时时代流行的艺术风格的"画"描述出来，这其实是一部采用划时代表现手法的作品。

在文学作品中浏览艺术风格

庞贝古城遗址等意大利风景是新古典主义风格；安徒生的朋友、擅长新古典主义风格雕刻的、巴特尔·托瓦尔森的小故事属于新古典主义风格；印度、非洲的费赞（当时的奥斯曼帝国）、中国都是东方风格的画作，身份悬殊的中国男女之间的恋爱悲剧，就像《谎话连篇》中那只绘有柳树图案的青花瓷盘上所描述的故事一样。描写孩童情景的小故事属于毕德麦雅风格，天真无邪的孩子正是毕德麦雅所推崇的主题；在戏剧性的革命中丧生的少年的故事，男女之间充满戏剧性的生死恋，所展现的都是浪漫主义的画作。

这样一看，从悲剧故事到温情故事，将这些主旨不同的故事串联在一起的理由一目了然——是按照艺术风格顺序排列的。各种艺术风格宛如圆舞曲般循环，读后令人叹为观止，安徒生笔下的精彩之处被发挥得淋漓尽致。

除此之外，还有卡纳莱托画的圣马可广场上色彩鲜艳的贡多拉和耶稣升天的画面，以及即兴戏剧等，像这样一路阅读下去会深切感受到，若想正确解读安徒生细腻的笔触下所描写的、带有当时欧洲人日常生活气息的故事，以及旅途中那些美丽风景，是需要多么深厚的文学修养啊！

汉斯·克里斯丁·安徒生纪念陶盘
皇家哥本哈根

第四章

西式陶瓷餐具与世界史

事实上，西式陶瓷餐具与世界史是联动产生的。

每当历史上发生重大事件，就会出现新的陶瓷餐具和新的设计。

不要死记硬背年代和历史事件，要试着了解历史的发展趋势。

了解历史发展趋势比年代和事件经过更加重要
陶瓷餐具诞生的历史背景

当历史发生变化，
新的西式陶瓷餐具也随之诞生。

从基础知识开始

本章，我们将对西式陶瓷餐具的诞生与世界史的联动进行解说。对初学者来说，**比起死记硬背年代，不如先去了解"为什么某事件会发生"**的历史经过。而且，在了解历史的时候我们不能带入现代人的价值观，而是要用**当时人们的价值观去解读**，这是很重要的。我们需要以生活在没有平等与自由的年代，忍受接二连三的战争和政治混乱的人们的视角去看待历史。

接下来，就让我们一边回顾历史一边牢记基础知识吧。

阶级制度

当时的欧洲社会有严格的阶级制度，阶级与西式陶瓷餐具的诞生和发展有很大关系。在这里我们介绍被称为最严格的英国阶级制度（收入按照现在的价格大致换算）。

①Upper Class（上层阶级）

王族、贵族和绅士阶级（Gentry Class）等**靠非劳动所得生活**的人。他们拥有足够的资产，不需要工作，收入主要是房产租赁、利息和分红等资产运营得来的钱。大部分人都有贵族议员或市长等名誉头衔，一般年收入1亿~5亿日元（约合人民币500万~2500万元）。

英国小说《傲慢与偏见》中的主人公伊丽莎白和达西，伊丽莎白穿的是帝政风格的连衣裙。

②Upper Middle Class（上层中产阶级）

又名资产阶级、中产阶级、中流阶级、市民阶级。他们是神职人员、医生、律师、高级官僚、实业家等**有工作的富裕阶层**。要注意，不要一看到"中流"或"市民"等词语就认为他们是平民百姓，他们大多是企业主，年收从1000万到数十亿日元不等。与①不同的地方并非收入差距，而是"是否靠劳动所得生活（工作和不工作的区别）"。

资产阶级是从18世纪后半叶工业革命之后开始剧增的群体。①是夫妇双方都没有工作，③是夫妇双方都需要工作，而②一般是丈夫工作，妻子是家庭主妇。②的上层中产阶级的主妇人数剧增也为陶瓷产业的大规模繁荣做出了巨大贡献。贵族们的子嗣除了老

大继承家业以外，二儿子以下多有自己的工作并成为②，所以很多上流中产阶级和贵族其实是亲戚关系，与①的交流也很频繁，大多数情况下都可以与①通婚。

托马斯·海兰德

③Middle Middle Class（中层中产阶级）、Lower Middle Class（下层中产阶级）、Working Class（劳动人民阶级）

中层中产阶级从事医生、律师、公务员等职业，年收在300万~800万日元（约合人民币15万~40万元）。下层中产阶级从事事务工作、学校校长、店主等人群，年收150万~300万日元（约合人民币7万~15万元）。劳动人民阶级是指工匠、店员、仆人、农民、缝纫女工等，年收入20万~100万日元

因小说《圣诞颂歌》而闻名的查尔斯·狄更斯，幼年时期也曾经因为极度贫困在鞋厂工作，他的工作是给皇家道尔顿制造的鞋油瓶贴标签。在当时的英国，童工是理所当然的存在。

（约合人民币1万~5万元）。

他们是被①和②雇佣的工资劳动者，特别是劳动人民阶级中的工资劳动者又被称为无产阶级，他们占人口的大多数，不允许与①②结婚。下层中产阶级虽然贫穷但依然有对文化生活的追求，而工资极低的工薪阶层在恶劣的环境下长时间工作，对大部分家庭来说竭尽全力地生存已经是他们的最终目标。直到19世纪末期，劳动人民阶级才开始有闲暇时间享受娱乐生活。

两位英国瓷厂创始人，威基伍德（Wedgwood）瓷厂的乔舒亚·威基伍德和斯波德（Spode）瓷厂的乔舒亚·斯波德，他们都是劳动人民阶级出身。威基伍德9岁、斯波德6岁时踏上了陶工（匠人）之路。

劳动人民阶级以下还有贫民阶级（流浪汉和乞讨者）。

工业革命

工业革命也是西式陶瓷历史上重要的一环，18世纪后半叶始于英国，在大约一个世纪的时间里在欧洲和美国等地扩大了工业生产和技术革新，伴随它产生的社会组织变革就是工业革命。经营事业的资产阶级成为雇主，大量从地方来的农民被雇佣成为厂工，从而形成了资本主义现代都市社会，由此，陶瓷产业也得到发展。另一方面，传统的地主（贵族）与农民之间的关系因为工业革命而被彻底打破。

☞ 工业革命与陶瓷产业

18世纪后半叶 **第一次工业革命**	煤炭能源	陶瓷餐具量产化
19世纪后半叶 **第二次工业革命**	石油能源，电力	世界博览会举办；陶瓷餐具大量生产、消费

让我们俯瞰西式陶瓷器皿设计的变迁和艺术样式的变迁与世界史有着怎样的关系。

西式陶瓷器皿历史年表

时代	艺术样式	西式陶瓷器皿设计的变迁与世界史中的历史事件	
15世纪	文艺复兴风格		**1469** 文艺复兴鼎盛时期 **1492** 哥伦布发现美洲大陆 大航海时代
16世纪		**1590 田园风陶器，也叫贝利希陶器（Palissy ware）** （约16世纪/法国）……p246 ※右图是19世纪的贝利希陶器 →伯纳德·贝利希 （法国）（1510—1590）……p246	**1517** 宗教改革
17世纪	巴洛克风格 16世纪末—18世纪前半叶……p132	**1653 代尔夫特陶瓷器皿**（荷兰） ……p15 皇家代尔夫特蓝陶工厂创立 （荷兰）……p125	**1602** 荷兰东印度公司成立（荷兰）……p208 **1639** 日本闭关锁国（—1853年/日本）……p210 **1649** 英国资产阶级革命（—1651年）……p218 **1672** 大西洋三角贸易（英国）……p220
18世纪	中国式风格（17—18世纪）……p136 洛可可风格（18世纪）……p140	**1707 梅森柏特格炻器** （德国）……p32 **1708** 梅森：柏特格成功烧制出欧洲第一个硬质瓷器 （德国） →约翰·弗里德里希·伯特格（德国） （1682—1719）……p248 **1710** 梅森创立（德国）……p32 梅森：亨格尔加入（德国） →克里斯托夫·康拉德·亨格尔（德国）……p253 **1718** 维也纳厂创立 （—1864/奥地利）……p89 **1720 维也纳瓷厂（奥格腾）欧根亲王（Prince Eugene）**……p89 梅森：彩绘师克里斯托夫·康拉德·亨格尔从维也纳瓷厂跳槽（德国） **1721** 蓬帕杜夫人（法国）（1721—1764）……p251 **1726** 罗斯兰创立（瑞士）……p100	

陶瓷器皿的基础知识

世界各地的西式陶瓷餐具

从艺术风格了解西式陶瓷餐具

西式陶瓷餐具与世界史

西式陶瓷历史上的重要人物

陶瓷餐具的使用方法

18
世
纪

中国式风格

1730 梅森"红龙"（Ming dragon）

（约1730年）……p139

1731 梅森：建模师坎德勒加入（德国）

1735 Doccia瓷厂创立
白浮雕系列Vecchio Ginori

（18世纪初）……p135

→哈布斯堡家族……p250

1737 皇家利摩日瓷厂创立

（法国）……p52

Doccia瓷厂创立（意大利）

1739 梅森"蓝洋葱"……p35

1740 梅森"彩绘天鹅"……p32

文森瓷厂创立

（众说纷纭）（法国）……p50

梅森"华托绿"

（18世纪30年代后期—18世纪40年代中期）

……p143

Gironi1735（18世纪50年代）

……p250

※照片中的是复刻版

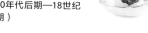

1740 玛丽娅·特蕾莎继位（奥地利）

奥地利继位战争（——1748）……p214

1745 蓬帕杜夫人第一次与国王路易十五见面（法国）

1747 宁芬堡瓷厂创立（德国）……p36

1748 德国唯宝创立（德国）……p38

1748 开始发掘庞贝古城遗址（意大利）

庞贝古城遗址……p225

查理·路易·孟德斯鸠《论法的精神》（法国）

思想启蒙……p217

新古典主义风格

（18世纪中叶—19世纪）……p150

1750　皇家皇冠德比创立（英国）……p66
※创立年代众说纷纭

1751　皇家伍斯特创立（英国）……p68

1753　宁芬堡：第一次成功烧制出硬质瓷器（德国）

1756　赛弗尔创立（法国）……p50

1759　威基伍德创立（英国）……p72
→乔舒亚·威基伍德（英国）……p254

1760　**Ginori1735 "意大利水果"（Italian fruit）**（1760年左右）……p60

1760　赛弗尔：被赐名为"王立赛弗尔瓷器制造所"（法国）

1761　宁芬堡：马克西米利安三世·约瑟夫将瓷厂搬到宫殿中（德国）

1763　KPM Berlin创立（德国）……p40

1764　霍勒斯·沃波尔发表哥特式小说《奥特朗托城堡》（英国）……p165

1770　斯波德创立（英国）……p74
→乔舒亚·斯波德（英）……p255

1774　威基伍德：**碧玉细炻器（Jasper ware）**完成

1775　皇家哥本哈根创立……p98

1775　**皇家哥本哈根 平边唐草花纹（Blue fluted plain）**……p102

1750　英国工业革命（—1840）……p199

1754　罗伯特·亚当参加游学之旅（—1758）（英国）……p221
霍勒斯·沃波尔创建"草莓山庄"（Strawberry Hill）（英国）……p165
环欧游学之旅……p221
如画美学……p222

1755　玛丽·安托瓦奈特（1755—1793）出生……p252

1756　裙撑同盟与七年战争（—1763）……p214

1770　玛丽·安托瓦奈特与路易十六成婚（法国）

1774　路易十六统治时期（—1792）

哥特式复兴（英）（18世纪后半叶—20世纪初叶）……p164

路易十六风格（18世纪后半叶）……p146

18 世纪

哥特式复兴（英）

路易十六风格

1776 美国发表《独立宣言》

1779 斯波德：成功将骨瓷商品化
※年代众说纷纭

1782 皇家利摩日
"玛丽·安托瓦奈特"
※由当时的赛弗尔制造

1783 垂柳图案（Willow pattern）
（1780年—）……p82

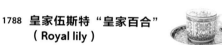

1784 斯波德：铜板转印技术确立（英国）
维也纳瓷厂：索根塔尔时代迎来黄金期

1788 皇家伍斯特 "皇家百合"
（Royal lily）

1789 法国大革命（—1799）
……p218

1790 皇家哥本哈根 "丹麦之花"
（Flora Danica）

1793 明顿创立（英国）……p78

19 世纪

浪漫主义（18世纪末—19世纪前半叶）……p174

帝政风格（1804—1815）

摄政风格（英）（1811—1820）……p163

1804 赛弗尔：成为国立瓷厂（法国）

1804 拿破仑继位，第一帝政时代（—1814）（法国）

1811 乔治三世的皇太子摄政（—1820）（英国）

1813 英国开始流行日本伊万里纹饰
（18世纪初叶）……p163

1814 狮牌（Hutschenreuther）创立（德国）……p42

1814 维也纳会议（—1815）

左侧竖排：

19世纪

哥特式复兴（英国）

帝政风格

摄政风格

毕德麦雅风格（19世纪前半叶—中叶）……p170

写实主义

印象派……p191

中列（陶瓷事件）：

1815 皇家道尔顿创立（英国）……p84

维也纳会议期间，各国王侯贵族造访维也纳瓷厂（奥地利）

1816 **斯波德"蓝色意大利"（Blue Italian）（英国）**

1821 Gien创立（法国）……p122

1822 狮牌：成为德国第一家获得认可的民营制瓷工厂（德国）

维也纳瓷厂（奥格腾）毕德麦雅风格
（18世纪初）
勿忘草（18世纪初）

1826 赫伦海兰德创立（匈牙利）……p92

1842 哈维兰创立（法国）……p56

1844 俄罗斯皇家瓷器（Imperial Porcelain）创立（俄国）……p87

1849 明顿：发明了马约利卡釉药（低温铅釉）（英国）……p119

通称为MINTON majolica、Victoria majolica，在英国和美国大受欢迎

※图为1880—1890年代的Victoria majolica

1851 **赫伦海兰德"维多利亚女王"（Victoria Bouquet）**
（匈牙利）……p92

右列（历史事件）：

1815 维也纳体系（—1848）……p226

1839 安徒生《没有画的画册》出版……p196

1848 二月革命，法兰西第二共和国成立

1851 第一届伦敦世博会……p230

1852 法国第二帝政时期（—1870）

1853 巴黎大改造（～1870）……p228

纽约世博会（美国）

黑船来航（日本）

19世纪

哥特式复兴（英）

日本主义（19世纪后半叶—20世纪初叶）……p178

1855 明顿 "草莓浮雕"
（Strawberry emboss）
（英国）

| 1854 | 日美签订《神奈川条约》（日本通称为《日美和亲条约》）奥地利帝国皇帝弗兰茨·约瑟夫一世与伊丽莎白完婚 |

| 1855 | 第一届巴黎世博会 |

| 1861 | 南北战争（—1865）俄国农奴制改革 意大利王国建国 |

| 1862 | 俾斯麦推行"铁血政策"（德国）第二届伦敦世博会 |

| 1863 | 明顿发明了腐蚀金装饰技术（英国）柏图（Bernardaud）创立（法国）……p53 |

| 1864 | 维也纳瓷厂关闭（奥地利） |

| 1864 | 普丹战争……p234 |

1867 赫伦海兰德 "印度之花"
（Fleurs Des Indes）
（匈牙利）

| 1867 | 第二届巴黎世博会（法国）※日本幕府、萨摩藩、琉球参加 大正奉还（日本）奥匈帝国成立 |

| 1868 | 戊辰战争（日本） |

| 1870 | 明顿：引入泥浆堆花浮雕装饰（pate sur pate）技术（英国） |

| 1870 | 普丹战争（—1871）……p234 法兰西第三共和国 威斯敏斯特宫重建（英国） |

| 1871 | 德意志帝国成立（德国）德国统一……p234 废藩置县（日本）岩仓使节团出访（—1873）（日本） |

1873 皇家伍斯特 "仿萨摩烧"
（19世纪后半叶）

| 1873 | 阿拉比亚（Arabia）创立（芬兰）……p104 |

19世纪

左侧竖排：哥特式复兴（英）

后期印象派

（19世纪后半叶—20世纪初叶）（英）……p168　维多利亚哥特

（19世纪末～20世纪初叶）……p182　世纪末艺术

（19世纪末—20世纪前半叶）……p186　新艺术

20世纪

现代

1876 哈维兰：恩内斯特·查普列特（Ernest Chaplet）发明了"Barbotine"（装饰用陶瓷料浆）技术（法国）……p57

萨尔格米讷"Barbotine"
……p119

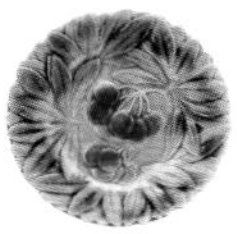

1879 卢臣泰（Rosenthal）创立（德国）……p43

1881 伊塔拉（iittala）创立（芬兰）……p106

1886 皇家哥本哈根：阿诺德·克罗格开始研究釉下彩技术（丹麦）

1888 皇家哥本哈根重新制造"平边唐草"
（Blue fluted plain）
采用釉下彩技术

1889 皇家哥本哈根制造出结晶釉

1900 皇家哥本哈根"法兰西菊"（Marguerite） 
※图片是复刻版"仲夏夜之梦"

1904 日本陶器合名会社成立（日本）……p112
※则武的前身

1908 日本硬质陶器株式会社创立（日本）……p111
※日光（Nikko）的前身

1913 早期则武（Early Noritake）……p193
20世纪初

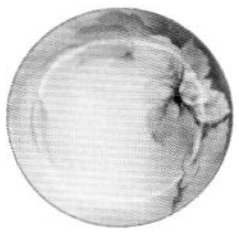

1876 费城举办百年纪念博览会

1878 第三届巴黎世博会

1888 巴塞罗那世博会（西班牙）

1889 第四届巴黎世博会
红磨坊在巴黎开业（法国）

1890 欧洲的世纪末艺术
……p182

1900 第五届巴黎世博会（新艺术Art nouveau展）

1904 圣路易世博会（美国）

1910 布鲁塞尔国际博览会

1914 第一次世界大战（—1918）……p238
大正浪漫与白桦派
……p240

装 饰 艺 术 （1920年代—1940年代）……p190

1925 柏图 "波士顿"（boston）
……p53

1925 国际现代装饰与工业艺术博览会举办

1926 民艺运动……p242

1928 大仓陶园 "蓝玫瑰"
……p114

1930年
奥格腾 "哈密瓜"
（Melone）……p88

1929 世界恐慌
巴塞罗那国际博览会（西班牙）

1934 Shelley（雪莱）"Fruit Border Pattern"……p193

早期则武（Early Noritake）
（1920—1945）……p193

1937 巴黎世博会（法国）

1939 第二次世界大战（—1945）

1946 鸣海制陶株式会社（Narumi）创立（日本）
……p111

斯堪的纳维亚设计（1950年代—/北欧）……p108

1949 德意志联邦共和国（西德），德意志民主共和国（东德）成立

1952 罗斯兰 "Mon Amie"
……p100

1953 阿拉比亚 "琦尔塔"
（Kilta）……p105
※图片是现在销售的伊塔拉的 "Teema"

1960 罗斯兰 "伊甸园"
（Eden）……p100

1965 威基伍德 "野草莓"……p72

1969 阿拉比亚 "硕果乐园"
（Paratiisi）……p104

日本古伊万里瓷器出口到欧洲

荷兰东印度公司

将亚洲地区的商品直接进口到欧洲的国家级公司

在欧洲各国均有设立

荷兰东印度公司是17—19世纪欧洲各国为了直接进口亚洲地区的物产而成立的国家级公司。一听到"印度"，很容易被认为是只与印度有贸易往来的公司，但对当时的西方人来说，"印度"指的是整个亚洲地区，所以可以理解为"**东印度公司=国家级的东亚贸易公司**"。

东印度公司在欧洲各国均有设立。喜欢红茶的人应该知道，英国的东印度公司从印度大量进口红茶。在欧洲各国的东印度公司中，名列前茅的为**荷兰东印度公司（荷兰语 Verenigde Oost-Indische Compagnie，简称 VOC）**。

设立的背景

首先，我们来了解一下东印度公司设立的背景。

哥伦布发现新大陆开启了大航海时代，之后，欧洲各国开始了世界贸易，打头阵的是赞助哥伦布出海的西班牙。从新大陆（美洲大陆）带来的金银财富，以及众多的殖民地，让西班牙迅速繁荣壮大成为"日不落帝国"，迎来了黄金时代。

另一边，葡萄牙先于世界进军亚洲，在印度和澳门设立据点，垄断香料贸易市场。当时的欧洲饮食文化丰富多彩，对香料的需求不断扩大，但是，只能通过陆路从伊斯兰商人手里高价购买。

在中世纪，香料的价格很高。胡椒和金子的价格相同，也做药物使用。

世界贸易的主导权掌握在荷兰手中

当时，印度和欧洲之间由奥斯曼帝国等伊斯兰国家所统治，他们对香料等征收高额的税金。当时对欧洲各国来说，不经过伊斯兰国家进口香料是长久以来的梦想，于是，他们开始利用大西洋开辟海路。首开先河的是葡萄牙，1498年瓦斯科·达·伽马通过海路到达印度的卡利卡特，成功将香料带回欧洲，从此以后，欧洲各国都开始进行世界贸易。**继葡萄牙之后，荷兰东印度公司掌握了世界贸易的主动权。**

为什么是荷兰呢？**主要是因为荷兰人是加尔文教派的新教信徒**，这与宗教改革（p212）的影响有关，请务必一并阅读。

荷兰原名尼德兰，是"低地国家"的意思，由现在的荷兰和比利时合并而成。尼德兰由天主教国家西班牙统治，在尼德兰的日耳曼民族的市民中，信奉加尔文教派的新教徒很多。加尔文教派主张过勤奋、禁欲、严格的信仰生活，将积蓄的财产用于投资，可以说是构成现代资本主义根基的思考方式。加尔文教派的信徒在擅长经商的工商业者之间逐渐扩大。

但是到了16世纪后半叶，西班牙国王菲利浦二世征收重税，并要求国民改信天主教，引发了独立战争。与西班牙同属拉丁民族、信奉天主教的弗兰德（比利时）中途停止了战役，1581年荷兰击败西班牙军队，通过了《誓绝法案》，标志着以新教作为国教的荷兰共和国诞生了。

通过出岛与日本也有贸易往来

荷兰经过西班牙的长期统治之后终于独立，荷兰人以自己的国家为傲，荷兰人坚守自己的信仰，开拓低地扩大国土，都是令他们感到自豪的地方。

荷兰独立之后，**于1602年创立了荷兰联合东印度公司**，这应该是世界上最早的股份公司。他们加入了亚洲贸易，在17世纪前半叶取代葡萄牙垄断了香料贸易市场。甚至在日本长崎的出岛，与当时还处于锁国时代的日本进行贸易，一时成为世界贸易之首，风头无量，这也是荷兰的黄金时代。顺便一

提，"日不落帝国"西班牙急速衰退，而新兴国家荷兰突然繁荣起来的背景，与因西班牙驱逐令而逃到荷兰的犹太人的金融资产不无关系。

就这样，日本的古伊万里等陶瓷器通过荷兰东印度公司，从**日本出岛被大量出口到欧洲国家**。

VOC 进口的芙蓉手瓷盘的复制品

总结

● 荷兰东印度公司是欧洲各国进口亚洲物产的国家级公司，"印度 = 整个亚洲"。

● 亚洲贸易最初是从进口香料开始的。17 世纪称霸世界的是荷兰的东印度公司。加尔文教派的新教教徒擅长做生意，与闭关锁国中的日本也有贸易往来。

● 荷兰东印度公司将陶瓷器皿从日本出岛运往荷兰以及其他欧洲国家。

日本江户时代南蛮贸易的据点之一

出岛

从南蛮贸易的据点到对荷兰、
中国的贸易窗口

独占江户时代的对外贸易

出岛是位于日本长崎的人工岛，是**江户幕府时期唯一被日本政府承认的海外贸易的据点**。一边限制基督教的广泛流传，一边与海外维持贸易关系，第三代将军德川家光让这种很难两立的交易控制在这个小岛上得以实现，可以说是第三代将军德川家光的一大政治政策。

与葡萄牙和西班牙之间的贸易被称为"南蛮贸易"，始于1543年铁炮传入日本之后。同为天主教的两个国家，由于贸易与传教同时进行，不久江户幕府害怕天主教势力在国内扩大，于是对他们实施了禁航政策。取而代之的是**信奉加尔文派新教的荷兰**，比起基督教的传教活动，他们更重视买卖，这与幕府的想法不谋而合，于是荷兰成为欧洲唯一一个与日本有贸易往来的国家。从1602年创立到1609年七年时间，荷兰东印度公司就在平户设立了荷兰商馆，之后在1641年，荷兰商馆从平户迁到了出岛。

朝鲜陶工制造的日本瓷器

原本荷兰东印度公司主要的进口地是中国（明朝时期），但17世纪后半叶明朝逐渐走向衰退，商品变得难以入手，于是，荷兰人将目光转移到日本。1650年，荷兰东印度公司第一次进口古伊万里瓷器，通过这次交易，日本的瓷器第一次被欧洲人所认知。日本制瓷其实是借助了朝鲜陶工的帮助，一位**叫李参平的朝鲜陶工**在有田发现了高岭土，日本于1616年第一次成功烧制出白瓷。

为了让古伊万里瓷器能够承受长期运输的压力，专门负责打包的捆绳师傅将古伊万里瓷器包裹得严严实实，然后装船。大型的瓷瓶全部单独包装，数十只大盘子叠在一起包成椭圆形饭团状，就这样，荷兰东印度公司将古伊万里瓷器运到亚洲和欧洲各国的王侯贵族的手中。

古伊万里指的是有田烧，这是因为当时有田烧要先运到伊万里港，再从那里通过海路运到出岛。当时，瓷器制造是不外传的秘密，连在哪里制造都不能泄露半点消息，所以也不能用有田这个名字。现在说起"伊万里"，在欧洲依然是日本瓷器的代名词。

17—18世纪的古伊万里出口瓷器，都是按照欧洲人的喜好而设计的，订单上连用途也写得十分详细（拍摄于长崎豪斯登堡中的瓷器博物馆）。

作为"阿兰坨烧"（荷兰）进口的陶瓷器皿

有趣的是，自第一次出口古伊万里瓷器约200年后的19世纪，在出岛**出土了大量的英国和荷兰生产的铜板转印技术的陶器**。对荷兰感兴趣的一部人日本人将其称为"阿兰坨烧"，博得了很高的人气，尤其是柳树图案和"野玫瑰"似乎特别受欢迎，出土了很多。

如今，日本出岛的荷兰商会会长居所（Captain's house）的餐桌上使用的餐具就重现了柳树图案，另外出土的陶瓷器制造商有达文波特（Davenport）、斯波德、ADAMS+WOOD&SONS、Dawson等英国著名瓷厂，以及荷兰Petrus Regout瓷器等。从江户时代到明治时代，出岛不仅出口陶瓷器皿，同时也进口国外的陶瓷器皿，这应该是鲜为人知的事实。通过陶瓷器皿，国家之间悄悄地进行着国际交流。

英国 Dowson 瓷厂制造的"野玫瑰"，盘边有一圈花卉图案，与盘中如画美学的风景画相结合，是英国人喜欢的风格。

荷兰 Petrus Regout 瓷厂制造的"Honc"，采用了晕染手法绘制中国式风格图案。

总结

- 长崎的出岛是日本江户幕府唯一承认的对外贸易据点。
- 1616 年日本（有田）第一次烧制出瓷器，1650 年荷兰东印度公司第一次将古伊万里瓷器出口国外（对欧洲的出口始于 1657 年）。
- 江户时代，英国和荷兰的铜板转印陶器通过出岛进入日本，代表作品为柳树图案和"野玫瑰"等系列。

为巴洛克风格的诞生创造契机的
宗教改革

> 宗教改革是欧洲的大事件，
> 了解宗教改革就能了解欧洲

新教与天主教的区别

宗教改革在历史上留有重要的痕迹，产生了较大的影响，曾出现过一些重要的事件，有些已经超越了单纯的宗教事件范畴，成为关系到欧洲近代化的大事件。

基督教主要分为三大派别：**天主教、东正教和新教**。该运动奠定了新教基础，同时也瓦解了天主教会所主导的政教体系。**该运动打破了天主教的精神束缚，为西欧资本主义发展和多元化的现代社会奠定了基础。**

天主教与新教的区别之一在于"上帝与一般信徒间的联系方式。"天主教认为普通信徒不能直接与上帝沟通，必须借教会的中介，通过神职人员（如神父、修女等）来接近上帝。新教则高度重视个人信仰，倡导信徒与上帝建立直接的联系。最初，《圣经》是用拉丁文（欧洲古语，是过去欧洲知识分子的共同语言）撰写的，只有有教养的司祭和知识分子才能读懂。因为《圣经》是用拉丁文撰写的，所以一般百姓只能学到教会传授的内容，而无法了解其真正的内容，从而顺利地形成了知识差距，这样一来，教会就能将权利收入囊中。这是因为中世纪的知识价值，也就是"最高等级的知识"是基督教（神学）的原因。曾经，古希腊和古罗马时代最高等级的知识是哲学（也包含科学。哲学与科学在那个时代是同等重要的），但随着教会势力不断扩大，甚至在某种程度上取代了哲学的地位。**现代最高等级的知识能重新回到哲学和科学上得益于洛可可时代的思想启蒙。**

绘有马丁·路德画像的茶杯（展示于德国科堡）

权能	天主教（旧教）	新教（新教）
历史	约11世纪	约16世纪
教派	罗马天主教会	如梭派、加尔文派
教会组织	以罗马教皇为顶点的金字塔式	各教派各自独立
偶像崇拜	有	无

马丁·路德的《圣经》德语译本

天主教教阶制度是天主教会的重要管理体制，罗马教皇是天主教会的最高领袖。文艺复兴时期罗马教皇利奥十世出身于意大利豪门贵族美第奇家族，他铺张浪费，以修缮圣彼得大教堂为名筹集资金，以此缓解教廷的财政危机，对外出售"买了就可以赎罪，死后可以上天国"的"赎罪券"，宣称信徒购买这种券后可赦免"罪罚"。从这种聚敛财富的手段就能清楚地看出当时教廷内部的腐败。

1517年，神圣罗马帝国教会的神职人员兼大学教授马丁·路德发表了《九十五条论纲》，反对罗马教廷出售赎罪券，揭开了宗教改革的序幕。他主张"能赦免罪恶的只有上帝，而非教会"。同时，他认为民众之所以相信赎罪券，全因根本不知道《圣经》中到底写了什么内容，于是他以"让圣经走进民间"为口号，尝试打破教会统治的格局。他最先做的事就是把《圣经》翻译成德语。

被天主教会开除教籍的马丁·路德受到神圣罗马帝国萨克森选帝侯的庇护，致力于将《圣经》从拉丁语翻译成德语，以便德国民众阅读。而萨克森选帝侯的宫廷画师同时也是路德的好朋友老卢卡斯·克拉纳赫（Lucas Cranach der Aeltere），为了让不识字的民众也能读懂《圣经》还为其配上了插画。有了当时擅长肖像画的著名画家的插画，使得这本德文版《圣经》十分畅销，看完之后引起民众热议的话题自然是"里面根本没有什么赎罪券嘛！"

马丁·路德的宗教改革还带动了音乐改革，这一点虽然不太为人所知，但却十分重要。路德还是一位音乐家，他用德语为赞美诗作词，让普通信徒也能吟诵。原本天主教的仪式上只有精英人士组成的专业唱诗班才能用拉丁语演唱，因此，德语的赞美诗深受爱戴，甚至被誉为赞美诗的精髓。

新教最初的教派有三支，分别是路德教派、加尔文派、圣公会。其中，加尔文派在法国被称为胡格诺派，在英国被称为清教徒，在荷兰属于加尔文派。本书中接下来也会不时出现涉及**新教信徒对陶瓷历史带来重大影响**的内容，加尔文派与荷兰东印度公司也有关联。

马丁·路德

总结

● **基督教主要分为三大派别：天主教、东正教和新教。新教最初的教派分为路德派、加尔文派、圣公会。加尔文派也被称为胡格诺派和清教徒。**

● **马丁·路德反对教会控制民众的做法，将《圣经》翻译成德语，将赞美诗也改成德语歌词，将普通信徒与上帝联系在一起。**

● **欧洲"最高等级的知识"：古希腊和古罗马时代是哲学与科学。中世纪时因为教会势力变强，被神学逆转。到了洛可可时代因为思想启蒙的兴起又再次回归到哲学与科学，直到现在。**

女皇玛丽娅·特蕾莎经历的
裙撑同盟与七年战争

两场战争决定了陶瓷器皿与玛丽·安托瓦内特的命运

玛丽娅·特蕾莎女皇时代

哈布斯堡王朝历史上首屈一指的女中豪杰玛丽娅·特蕾莎，1717年作为罗马帝国皇帝卡尔六世的长女出生于维也纳。1718年维也纳瓷厂创立，以**玛丽娅·特蕾莎出生隔年维也纳瓷厂创立**为记号。

维也纳瓷厂是继梅森之后在欧洲创立的**第二家瓷器工厂**。当时，瓷器被称为白色金子，欧洲各地都在努力解开制瓷之谜。换言之，玛丽娅·特蕾莎时代是欧洲成功烧制出瓷器，展示国力和财力的时代。

特蕾莎在父亲去世后继承了哈布斯堡王朝所有的领地，统治奥地利、匈牙利、波希米亚王国等，成为实质上的女皇。到她去世为止在位期间约40年，共经历了两场战争——奥地利王位继承战争和七年战争。因为这两场战争，玛丽·安托瓦内特通过政治联姻嫁到法国，在德国诞生了KPM Berlin。另外，虽然在七年战争中奥地利成为战败国，但正好化逆境为动力推广思想启蒙，使维也纳有了飞跃性的发展。

维也纳瓷厂出品的瓷器的底款是哈布斯堡王朝的盾形纹章。维也纳瓷厂关闭后，改为继承了它所有作品的奥格腾的品牌标志。

奥地利王位继承战争（1740—1748）

简单来说，奥地利王位继承之战就是因特蕾莎的父亲卡尔六世没有子嗣，选择由**自己的长女特蕾莎继承王位而引起的战争**。这场战争的源端确实是继承人问题，但比其更重要的是奥地利与普鲁士之间的领土争夺，登场人物主要有两个——普鲁士的腓特烈大帝和特蕾莎。虽然最终割让了西里西亚（领土中最丰饶的地区）给普鲁士，但保留住了其他领土，并迫使周边诸国承认特蕾莎的王位和哈布斯堡王朝的领土继承权。当时，特蕾莎还很年轻，才20岁出头。

三条裙子同盟

之后，特蕾莎为了夺回西里西亚奋起反抗，最终导致了七年战争。

特蕾莎掀起了一场前所未有的外交革命，她与一直以来的政治宿敌——法国波旁王朝（准确地说是法国国王路易十五的情人蓬帕杜夫人）联手，她还怂恿俄国的伊丽莎白女王将腓特烈大帝逼入绝境。由三名女性组成的同盟被称为**"裙撑同盟"**，就是这三位女性分别从东、西、南三个方向将普鲁士牢牢地包围起来。

以此为契机，常年敌对的奥地利和法国结为同盟，作为友好的象征，特蕾莎将自己的小女儿**玛丽·安托瓦内特嫁给了法国国王路易十六**。

七年战争造就了 KPM Berlin 的诞生（拍摄于宁芬堡陶瓷博物馆）

七年战争（1756—1763）

1756年，腓特烈大帝突然攻入萨克森选帝侯的领地，因为裙撑同盟令腓特烈大帝感到焦虑，作为防御政策他先发制人。说到萨克森，那里正是梅森的发祥地。**普鲁士军队将梅森的陶瓷工匠带走，之后诞生了KPM Berlin。**

最初，普鲁士看似处于下风，但战况发生逆转。1762年，裙撑同盟之一的俄国女皇伊丽莎白突然去世，她的继承人是腓特烈大帝的崇拜者，因此，俄国决定脱离战线。以此为契机，形势发生了逆转，普鲁士取得了胜利，奥地利最终没能夺回西里西亚。虽然特蕾莎对战势感到束手无策，但战败令她意识到奥地利是一个落后的国家，于是，为了传播启蒙思想，她开始推进各种改革政策。

就在法国因为战争而分心的时候，英国夺取了它以加拿大为首的殖民地。小说《绿山墙的安妮》中，主人公安妮虽然是加拿大

人却作为苏格兰裔英国移民登场，她们一家人在法国人家里当佣人也是这个原因。

虽然很多人认为**法国陷入财政危机**是由于玛丽·安托瓦内特挥霍无度导致的，但实际上，**殖民地被掠夺和七年战争的军费支出才是首要原因**，财政危机引起民众的不满，引发了之后的法国大革命。

总结

● 由于两场战争，玛丽·安托瓦内特嫁到法国。
● 普鲁士军队将梅森的陶瓷工匠带回国，于是诞生了 KPM Berlin。
● 因为梅森的秘传制瓷方法被泄露，使得欧洲各地瓷厂百花齐放。
● 奥地利作为近代国家建立了一整套国家制度，为之后的发展奠定了基础。

"光求神是不行的！"的科学思想
启蒙思想

以科学为依据的政治走向了现代化

欧洲现代化和进步的根源

简单来说，启蒙思想就是"遵循理论和科学上认为正确的思想"，认为"上帝或国王不是绝对的"。

在被称为欧洲暗黑时代的中世纪，知识的最高等级是神学，因此，世间盛行"天灾、瘟疫等都是恶魔和女巫作祟，还有龙的杰作"等毫无根据的迷信思想，和"画必须是宗教画，歌必须是圣歌"等基督教的教义。

但是到了18世纪，**"以更科学的根据为基础，用理论性的思考来解决问题"**的思想逐渐传播开来，启蒙思想诞生了。**知识的最高等级重新回归到与古希腊、古罗马时代相同的科学与哲学。**

启蒙思想给人们带来巨大的冲击，在法国，因为**启蒙思想的高涨导致绝对王权的崩塌，成为引发法国大革命的契机。欧洲之所以能先于世界取得现代化和科学上的惊人进步，原因之一也是启蒙思想。**在这里，我们以玛丽娅·特蕾莎的改革作为启蒙思想的一个具体范例来了解一下。

玛丽娅·特蕾莎的文化改革

玛丽娅·特蕾莎在位期间经历了奥地利王位继承战争和七年战争，她意识到维也纳无论在文化上还是学术上都落后于周边诸国。

16世纪以后，维也纳的文化领域被天主教会所掌控，因此，与天主教会相抵触的思想和人物全部受到审查的限制。关于近代学问的传播实际上处于被切断的状态，就连解剖学等专业书籍也被当成"淫乱书籍"被禁止出版。

特蕾莎虽然是虔诚的天主教徒，但她意识到若长此以往维也纳终将被周边的现代化国家吞并，为了消除危机，打破这种局面，她做出了传播启蒙思想的政治决策。

随着审查制度的改革，解剖学书籍终于能作为学术书籍出版。

启蒙思想广泛传播的维也纳吸引了大批知识分子，他们的到来令文化和经济都得到了发展。

启蒙思想促进了博物学的发展

社会史和陶瓷史上的重要转机
法国大革命和英国资产阶级革命

> 法国的艺术风格发生了转变，
> 英国随着工业革命出现了民间瓷厂

现代文化和价值观的基础

陶瓷文化盛极一时的18世纪到20世纪，是人类文明社会开始后数千年历史中最动荡的年代。这到底是一个什么样的时代呢？为什么会与陶瓷文化的繁荣重叠在一起呢？

直到20世纪初，如今现代生活中习以为常的认知和价值观才在各个领域中成型，艺术方面是装饰艺术，音乐方面是爵士乐，时尚方面是香奈儿套装等。

在大约200年间，人们时而迷茫，时而停滞，同时也孕育出各个时代的文化。正因为被新旧价值观的差异所困扰、折磨、痛苦挣扎，才有了各种各样文化的诞生。所以，无论是**文学、音乐、绘画，还是陶瓷器皿，都创造出许许多多体现当时人们经过探索后的杰作。**

中世纪曾是盛行恶魔和巨龙等毫无根据的迷信、被牢固的阶级制度所支配的时代。但是到了18世纪，随着启蒙思想的普及，以科学为依据的政策得以实施，产业也朝着合理的机械化发展，一部分获得成功的市民开始拥有财力。

法国大革命就是在这样的背景下因民众起义而爆发的。当时，社会第一身份的神职人员和第二身份的王侯贵族仅占人口总数的2%，却拥有一半的国土，并且没有赋税，而占98%的第三身份的市民和农民却被沉重的赋税折磨得疲惫不堪。为了推翻这种不平等，1789年以巴黎市民攻占巴士底监狱为契机，法国大革命爆发。以18世纪末爆发的法国大革命为坐标来思考问题的话，就会非常容易理解。

法国大革命推翻了王权，法国国王路易十六和王后玛丽·安托瓦内特于1793年被处死。

以18世纪末法国大革命为契机，"所有人的自由与平等"这一思想广为传播，并延续至今成为人们基本的价值观。法国大革命的意义重大，也是艺术风格的重大转机，随着王权被推翻，**洛可可风格走向终结，新古典主义风格进一步向帝政风格迈进。**

法国大革命后，诞生了帝政风格的陶瓷餐具

英国诞生了很多民营瓷厂

早在法国大革命爆发的140年前，英国已经经历过市民革命——从1640年到1688年，以新贵族阶级为代表推翻封建专制统治，建立起英国资本主义制度的社会革命，也被称为**"清教徒革命"**。清教徒是指加尔文派新教教徒，他们虽信奉新教，但其目的却是要从典礼上仍然是天主教式的英国国教中排除天主教性，将其改革为"纯洁的教会"。就像加尔文派的商人在荷兰创立荷兰东印度公司一样，加尔文派渗透到经济活动受天主教限制的工商业者之间，因为职业被认为是上帝赐予的最贵的东西，所以他们可以积累财富和投资。

在英国，以商人为中心的清教徒不断壮大并成功控制了议会，议会派领袖奥利弗·克伦威尔处死了国王查理一世，建立了共和政体，这就是英国资产阶级革命。

英国比法国更早经历了资产阶级革命，这种影响在陶瓷领域也很显著。18世纪，工业革命使陶瓷产业繁荣起来的时候，英国早已脱离君主专制，实行"国王君临但不参政"的君主立宪制，因此，**英国陶瓷产业的主体是民营陶瓷制造商。**

纵观历史，可以看出资产阶级革命所带来的影响已经波及文化领域。

总结

● 18世纪到20世纪初诞生的文化将陶瓷产业推向高潮。

● 1789年爆发的法国大革命是现代化的转折点之一。随着王权被推翻，洛可可时代落下帷幕，文化特色从新古典主义风格向帝政风格发展。

● 英国经历了资产阶级革命，到18世纪工业革命带动陶瓷产业兴盛时君主早已没有实权，所以英国的陶瓷制造商以民营为主体。

让英国成为世界第一的非人道奴隶贸易

大西洋三角贸易

与威基伍德有渊源的英国港口城市利物浦，
凭借大西洋三角贸易而飞速发展

臭名昭著的奴隶贸易

利物浦是威基伍德创始人乔舒亚·威基伍德与合作伙伴兼好友托马斯·海兰德相遇的港口城市。威基伍德的很多餐具都是从利物浦港出口到海外的。

17世纪时利物浦只是一个很小的港口，但从17世纪末开始突然飞速发展成一个巨大的城市。这主要是因为**奴隶贸易**：利物浦主要从事奴隶买卖，从非洲购买奴隶再将他们卖到西印度群岛和新大陆（美洲大陆）。

"大西洋三角贸易"（又名奴隶贸易），是大航海时代以后，隔着大西洋进行的欧洲与非洲大陆以及美洲大陆之间的贸易活动。英国通过三角贸易获得了巨额利润，从而在世界范围内率先完成了工业革命。

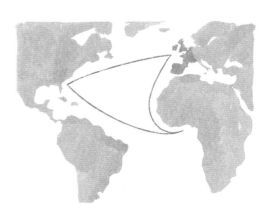

奴隶从非洲运往新大陆，砂糖、烟草、棉花等从新大陆运往英国，制造加工品和武器从英国运往非洲。

英国商人们从西非购买黑人奴隶，用运奴船将他们运往美洲大陆。运送环境非常恶劣且惨无人道，由于营养失调、传染病、自杀、叛乱等原因，很多黑人奴隶在到达美洲大陆前就失去了生命。

英国工业革命的支柱

通过奴隶劳动，英国在北美洲生产香烟和棉花，在中南美洲生产砂糖和咖啡，然后运往欧洲。

首先，装载着纺织品等制造加工品和武器的船只从英国港口出发，抵达西非。在非洲的港口，与这些商品进行交换的被塞进船里的是当地奴隶商人捕获的黑人奴隶。装载着奴隶的商船，穿越波涛汹涌的大西洋，驶向美洲大陆和西印度群岛，在那里，奴隶被用来换取砂糖、香烟和棉花，装满商船后返回英国，这就是大西洋三角贸易。

在这项贸易中英国获得了丰厚的利润，它在美洲大陆大规模生产棉花，制造大量纺织品，以低廉的价格销往世界各地。跟着把获得的利润再次用于机器设备的投资，使产量不断增加，重复循环。

通过奴隶贸易积累起来的财富被投资到工业革命的新技术和新事业中。

上流社会子女"伟大的修学旅行"
环欧旅行（Grand Tour）

在法国学习上流社会的礼仪，
在意大利接触绘画和考古学

解开英国文化的关键词

相信大家在去英国旅行或是阅读英国文学作品的时候，总能感受到一种不同于欧洲大陆的独特的文化氛围。而**了解英国特有文化的关键词是"环欧旅行"（Grand tour）、"如画美学"（Picturesque）、"哥特式复兴"（Gothic revival）**。了解了这三个特色，英国特有的文化在我们眼前就会变得豁然开朗，更容易理解。

环欧旅行是指英国上流社会的子女到法国、意大利等文化发达的国家游历，培养古典情操的旅行，可以说是一次"伟大的修学旅行"。德国诗人歌德等欧洲各国的富家子弟也有过环欧旅行的经历，但这主要还是在英国确立的风俗习惯，因为在环欧旅行最鼎盛的18世纪，英国拥有能压倒其他欧洲各国的经济实力。

作为纪念品购买书籍和绘画作品

首先要到法国学习上流社会的礼仪，再到意大利近距离观赏艺术品和参观古代遗址。最初，环欧旅行的目的在于学习外语、礼仪和各国的政治体系等，后来逐渐将重点转移到意大利的审美教育上。参加欧洲旅行的年轻人，如同在观光地购买明信片当纪念品般购买了大量的意大利画家的绘画作品，其中最受追捧的画家是卡纳莱托（本名乔凡尼·安东尼奥·康纳尔），由于当时英国人太过狂热，以至于如今在威尼斯几乎没有卡纳莱托的作品留存下来。

环欧旅行中的收获对英国文化产生了无法估量的影响，其中最具代表性的就是**罗伯特·亚当的建筑和威基伍德的陶瓷器皿**。

罗伯特·亚当有过4年环欧旅行的经历，乔舒亚·威基伍德虽然没有参加过环欧旅行，但他的商业伙伴兼好友海兰德参加过。亚当和威基伍德是同龄人，他们为18世纪的英国带来了知性与成熟的新古典主义风格设计。就这样，18世纪初被揶揄"经济先进文化落后"的英国，通过环欧旅行收集了欧洲各国代表的美术品，并在18世纪末期形成了享誉世界的独特文化。

斯波德"HERITAGE COLLECTION.ROME"（遗址系列·罗马）
斯波德创立250周年纪念收藏品"HERITAGE COLLECTION"（遗址系列），作品灵感来源于斯波德的档案（图库）。乔治王朝系列中的"ROME"（罗马）原创于1818年，从这里也可以看出来自环欧旅行的影响。

给英国陶瓷带来惊人影响力的

如画美学（Picturesque）

通过环欧旅行提高审美水平，
诞生了英国人特有的审美意识

"如画美学"是英国文化的美学（哲学）

在18世纪后的英国文化中随处可见如画美学带来的影响，这是一种哲学性的，相当深奥的世界观。

如画美学，顾名思义就是"像画一般"的意思，体现的是一种**"把自然风景当作艺术品来欣赏的态度"**。它的特征是不按照传统的美学标准来定义艺术品的美，是一种全新的美学标准。

在此之前，英国的美学标准大致分为两种，一种是以**"流畅"为标准的"美"**，另一种是以**"宏伟"为标准的"崇高"**。光滑的肌肤或巨大的充满力量的强健，这些都被视为美的精髓。

但是，经历了环欧旅行之后，英国人的审美意识大幅度提升。他们在意大利游历期间不仅疯狂购买了当时的流行画家卡纳莱托的画作，同时也"爆买"了古老的17世纪风景画，**克洛德·洛兰和萨尔瓦多·罗萨的风景画**尤为受欢迎。

克洛德·洛兰画作中金色光芒笼罩下的古代遗址，勾起了人们浓浓的乡愁。萨尔瓦多·罗萨画作中坐落在险峻的悬崖峭壁之上的废弃城堡，被暴风雨包围的阴郁的树林，正是在环欧旅行中冒着生命危险翻越阿尔卑斯山时，英国人真实感受到的畏惧之念。

两位画家笔下所描绘的残破不堪的废墟、坍塌的古罗马遗址、妖娆的氛围、隐士、山贼等人物，与迄今为止已有的美学中的"美"与"崇高"看似有点关联实际上却又找不到共通之处。以介于两者之间的"粗糙"为标准，是一种崭新而不可思议的美，英国人将这一新发现的美学命名为"如画美学"。

令英国陶瓷设计大变样

发现如画美学令英国文化出现了革命性的转变。

克洛德·洛兰笔下的罗马遗址、人物、农舍、森林、河岸边等古典田园风格的意大利风景，作为**"偏向美的如画美学"影响了英国风景式庭院（landscape garden）的流行**。现在我们所说的英式园林的源起，就来自克洛德·洛兰。

另一边，萨尔瓦多·罗萨笔下的城堡废墟、悬崖峭壁、诡异的森林、野蛮的山贼等情景和人物，作为**"偏向崇高的如画美学"带动了哥特式复兴和哥特式小说的流行**。

如画美学更为之后的英国陶瓷设计带来了革命性的影响，以斯波德的"蓝色意大利"系列为代表，它将克洛德·洛兰的世界观直接完美地呈现出来。毫不夸张地说，**19世纪采用铜板转印技术绘制的风景画几乎都体现了如画美学的精髓**。从这个意义上来说，英国陶瓷是最能让人切身感受到这一深奥概念的载体。

萨尔瓦多·罗萨《断桥》(The Ruined Bridge),1640 年。

卡纳莱托《总督礼舟在耶稣升天节返港》(Return of the Bucentoro to the Molo on Ascension Day),1732 年。在《没有画的画册》一书中,安徒生描写了与这幅画作邂逅的故事。

克洛德·洛兰《意大利风景》,1642 年。这幅画从 18 世纪到 1818 年一直收藏于英国,现收藏于德国柏林美术馆。与"蓝色意大利"的构图很相似。

"我听说意大利画家萨尔瓦多·罗萨为了研究小偷,曾经冒着生命危险亲自加入了山贼群。"——夏目漱石《草枕》

斯波德 "蓝色意大利"
(1816年发表)
原作由荷兰画家创作,可以看出受到如画美学的影响。盘边一圈装饰采用了摄政风格的伊万里纹饰。

庞贝古城遗址

令乔舒亚·威基伍德为之着迷的古代遗址
为什么如此吸引人？

感受当时的人们活生生的生活气息

庞贝古城位于意大利南部，在众多古代遗址中，它作为与众不同的遗址引起了人们的关注。到底是什么令它如此吸引人呢？是因为庞贝古城遗址封存了公元79年某一天的样子，遗迹中残留着生活在庞贝城中的古人的气息，并且完整地呈现在我们眼前。

公元79年8月24日之后的某一天，位于意大利那不勒斯近郊的维苏威火山在中午突然大爆发，滚滚而来的火山碎屑令当时的市民根本没有逃生的机会而直接被活埋，火山灰持续飘洒了一昼夜，覆盖了整座庞贝城，庞贝就这样从历史的舞台上消失了。

讽刺的是，火山灰虽然掩埋了整座城市，但却将壁画和艺术品的损坏程度降到最低，使它们以最好的状态保存下来。1748年庞贝古城遗址被发现，瞬间掀起了一股热潮，这也成为众多男性贵族青年远赴环欧旅行的契机。

火山爆发后牺牲者的石膏像。在遗体被火山灰裹住后形成的硬壳中注入石膏而成。

古代遗址与新古典主义风格的餐具

一般来说，古代遗址都会发生风化或坍塌现象，而遗址中的死者多数也都被细心安葬，所以我们在古代遗址中是感受不到生活气息的。但是在庞贝古城遗址中，面包店里的碳化后的面包保持着原来的形状，死者有的睡在床上，有的呈抱膝状，有的正怀抱婴儿，仿佛刚才他们还是鲜活的，当时的人们可以与现代的我们面对面。

重要的是，这些人都是普通的市井百姓，这一点与在埃及金字塔中长眠的法老和贵族的木乃伊截然不同。庞贝除了商业发达以外，酿酒和调味料等制造业也非常发达，有角斗场、公共浴池以及娱乐设施，就是一座普通的城市。根据考古发现，人们的健康状况良好，就连奴隶都拥有和市民一样健康的饮食生活。留下了普通人的生活状态，这大概就是庞贝遗址最大的魅力所在吧。

从遗址中发掘出来的陶瓷器皿大多是希腊制造的，因为被伊特鲁里亚人大量购买，所以这些陶器又被称为伊特鲁里亚陶罐。伊特鲁里亚人是主要居住在意大利中部托斯卡纳地区的古人，他们是一个个性鲜明，拥有独特文明的民族。生活在18世纪新古典主义风格时代的人们，被这些散发着文艺气息和艺术之美的物件所吸引，创作出很多仿制品。

乔舒亚·威基伍德把自己的工厂命名为伊特鲁里亚工厂，可见其热衷程度。他尤为喜欢希腊陶器中的黑色器皿（黑绘式风格），为了能将其成功再现出来，他努力开发各种各样的新材料，器皿的主题和色调也从庞贝等古代遗址中获取灵感，可以说新古典主义风格的陶瓷餐具与庞贝古城遗址的关系是密不可分的。

创造出毕德麦雅风格的
维也纳体系

拿破仑倒台后出现了暴风雨前的宁静，
安稳却受限的市民生活

舞动的维也纳会议

维也纳体系时代（1815—1848）在世界史上虽然是不起眼的存在，但是因为诞生了毕德麦雅风格，所以在陶瓷领域是一个很重要的时代。

拿破仑倒台后，为了制定新的国际秩序，欧洲各国代表齐聚奥地利召开会议，这就是**维也纳会议（1814—1815）**。因为主持会议的是奥地利外交大臣克莱门斯·梅涅特，所以维也纳体系又被称为**梅涅特体系**。

但是，在维也纳会议上由于各国意见对立，会谈结果迟迟无法达成一致。于是，为了增进各国间的友谊召开了盛大的舞会和音乐会，参会的有两位皇帝、四位国王、700多名外交官，还有其他相关人士等数千人。如果再算上那些为了狂欢、游山玩水和纯粹看热闹的人，据说至少有10万人同时聚集在此，维也纳瓷厂的陶瓷商品销售异常火爆。跳着当时流行的维也纳华尔兹，每天被各种八卦花边新闻充斥的维也纳会议，被嘲讽为**"会议不行动，会议在跳舞。"**

奥格腾"毕德麦雅"系列

被政治利用的"安稳生活"

　　1815年，因为拿破仑从厄尔巴岛流放地回到巴黎重新当上皇帝，迫使惊慌失措的代表们一口气制定了维也纳会议《最后议定书》。以英国军队为中心的欧洲各国组成第七次反法联盟，在滑铁卢战役中将拿破仑击败，各国承诺防止资产阶级革命，维也纳体系由此形成。

　　经历了资产阶级革命，拿破仑的法兰西第一帝政和大陆统治结束，欧洲因为维也纳体系迎来反动时期，重新复辟君主制，好容易转动起来的向现代迈进的齿轮停止运转，时代倒退回去。精明能干的梅涅特为了不让革命的气氛进一步蔓延，一边**作为警察国家加强严格审查**，一边**鼓励市民过平稳安逸的小市民生活**，让他们对政治不再感兴趣，**在这样的风潮下催生出了毕德麦雅风格**。

　　有趣的是，这个体系的倒退现象还体现在时尚中。从象征革命的古希腊、古罗马风格的帝政风格礼服倒退回象征王侯贵族的，裙子鼓起的A字形浪漫风格的礼服。

　　另外，在安徒生的小说《没有画的画册》中也能感受到维也纳体系时期的社会氛围。在这本书中，威尼斯被描述成"城市的幽灵"，旅游胜地圣马可广场圆柱上的狮子也被描写成"它已经死了，因为海王死了。"（矢崎源九郎译，日本新潮文库出版）。为什么安徒生要使用如此阴郁、灰暗的比喻呢？因为在维也纳体系下，威尼斯从过去自由开放的共和国变成了被奥地利统治的国家，这是一个很好的例子，当我们了解时代背景之后，再看文学作品中谜一般的比喻就更容易理解了。

A 字形的浪漫主义风格礼服裙

总结

- 拿破仑倒台后的维也纳会议上，毕德麦雅陶瓷餐具大受欢迎。
- 维也纳体系鼓励大家过安稳的市民生活，从而形成了毕德麦雅风潮。
- 维也纳体系时代的社会氛围可以通过安徒生《没有画的画册》一书解读出来。

缔造浪漫之都，诞生出印象派的
巴黎大改造

城市化的飞速发展带来城市饱和
完善基础建设，奠定了孕育新文化的基石

拿破仑三世与奥斯曼联手给巴黎"做手术"

　　人们印象中的**"浪漫之都"**巴黎，正是得益于这次巴黎大改造。同时，它也成为雷诺阿、莫奈等印象派画家诞生的契机。

　　1850年，在**拿破仑三世（路易·拿破仑）**的统治下，**由巴黎塞纳区区长奥斯曼男爵指挥，开始"巴黎大改造"**。拿破仑三世因为一直被他的伯父拿破仑一世（拿破仑·波拿巴）的阴影所笼罩，后来又因为普法战争战败成为战俘，所以很多人对他并没有什么太好的印象。但其实，它**为法国的文化和工业发展做出了巨大贡献，被称为"工业皇帝"**，巴黎大改造是他重要的政绩之一。

　　改造之前的巴黎因为急速的城市化发展，人口密度激增，垃圾得不到妥善处理，下水道设施也不完善。巴黎的街道上到处都是从窗口扔出来的排泄物和食物垃圾，贵族们无法步行，只能乘坐马车移动。

　　巴黎陷入了**恶劣的卫生环境导致传染病（霍乱）肆虐，失去劳动力陷入贫困窘境的市民开始犯罪**的恶性循环。为了改善城市环

柏图在 1867 年成为拿破仑三世的御用瓷器。

境，让巴黎呈现**干净、明亮、治安良好**的良性循环，奥斯曼开始对巴黎市进行大规模改造。巴黎市动用了相当于年预算40倍的巨额费用，拆除了2万余户违章建筑，新建4万户新房，安装了1.5万盏电灯，铺设了比原有大10倍的绿地面积和6万根排水管道，这项巨大的工程总共耗时17年才完成。

都市大改造派生了新的文化

就这样，明亮整洁的现代化都市巴黎诞生了，也使得印象派画家们走出了自己的工作室。如果没有巴黎大改造，也不会出现之后的巴黎世博会和"美好年代"，更不会有

日本主义和新艺术等风格的流行。巴黎之所以能吸引来自世界各地的游客，也是因为它美丽的城市景观，由此可见巴黎大改造是一项多么伟大的壮举。

与此同时，**维也纳也开始城市改造，从1860年到1890年进行的维也纳城市改造，将旧城墙拆除，改建成宽阔的环形道路（Ringstraße）**，在环形道路周围兴建歌剧院、剧场、美术馆、大学和国会议事堂等。**这两座城市的改造为19世纪末新文化的开花提供了丰饶的土壤。**

《Paris Street. Rainy Day》（巴黎的街道 . 雨天）卡耶博特绘，1877 年。呈放射状延伸的道路，远处统一成奶白色的建筑物，这都是巴黎大改造的成果。

总结

- 在"工业皇帝"拿破仑三世与奥斯曼区长的领导下，对卫生环境恶劣的巴黎进行城市改造。
- 明亮整洁的巴黎迎来了巴黎世博会和 "美好年代"。
- 同时期维也纳也进行了城市改造，使得 19 世纪末期的世纪末艺术蓬勃发展。

华丽的美与工业的竞演

世界博览会

陶瓷器皿参展，
体现了欧洲各强国之间艺术与工业的竞争

对陶瓷器皿来说非常重要的场合

从19世纪中叶到20世纪初叶，可以说是世界博览会（以下简称世博会）的时代。世博会展示了欧洲国家之间艺术和工业的竞争，开始于帝国主义时代，同时也展示了欧洲国家的经济实力、技术实力和殖民地。

在陶瓷领域，各瓷厂参加世博会既是为了从殖民地带来的充满异国风情的展品中获得新的灵感，也是为了在比赛中获奖。同时也是千载难逢的机会，因为通过被王侯贵族或名人赏识、购买可以一举成名。

即使是此前默默无名的小品牌，一旦在世博会上受到关注，便可瞬间一跃成为时代的宠儿。无论哪个领域的制造商，大家都争先恐后地投入产品开发，世博会成为加速产品开发的原动力。

1867年欧仁妮皇后主办了巴黎世界博览会。她在爱丽舍宫用赫伦海兰德的"印度之花"瓷器招待了下一届举办国奥地利的皇帝弗朗茨·约瑟夫一世，使用对方国家制造的餐具是她特有的待客之道。图片拍摄于日本滋贺县的红茶与餐桌装饰沙龙"TEA&TABLE Caquetoire"（2017）

1889 年巴黎世界博览会的场景
Alphonse Liebert(1827—1913) 摄

通过权贵购买带来巨大商机

世界上最早的国际博览会，是以彰显大英帝国的繁荣为目的，于1851年在伦敦举办的首届世界博览会。因为英国维多利亚女王购买了赫伦海兰德的作品"维多利亚"从而令它声名鹊起，而那时候英国道尔顿的展出作品还仅限于工业用品。在维多利亚女王的丈夫阿尔伯特亲王的指挥下，世博会大获成功，并通过赚取的收益兴建了维多利亚和阿尔伯特博物馆。

在博览会上，各国的王侯贵族等当权者、著名艺术研究人士、美术馆相关人士等具有较高审美意识的人们前来购买作品，另一边被采购、获得殊荣的瓷厂也得到官方认可。在陶瓷领域，欧洲大陆的瓷厂都受到王侯贵族的保护，但英国因为都是民营瓷厂所以并没有这样的保护。因此，当时的英国皇室成员意识到自己选购的物品与流行息息相关，为了积极奖励英国本土产业，他们通过世博会等选购自己使用的商品。

影响了各种艺术风格

1855年，在"工业皇帝"拿破仑三世主持举办的巴黎世博会上，他对审查员和审查方法更加严格化，并提高了精度，他还将所有参展商品都标上价格，由此开始，世博会变成了一个大型商品展示厅。

1851年伦敦世博会的"水晶宫"，1889年巴黎世博会上亮相的埃菲尔铁塔等，作为会场的建筑本身由钢铁骨架和玻璃等建造而成，采用了当时最先进的技术，埃菲尔铁塔得名于设计和建造它的人古斯塔夫·埃菲尔。当时在为世博会举办的竞赛中发生了戏剧性的逆转，这座"铁之塔"最终被选为最优秀作品，它以惊人的速度和技术建成，拥有拿破仑三世提倡的"钢铁时代"的独创性的美感，成为新巴黎的象征。

世博会也对艺术风格产生了影响。日本在幕府·明治初期也曾经积极地参加世博会，展出传统工艺品等，并在展场内修建日式房屋和庭院，让艺伎居住，将日本人的生活状况展现给西方人，掀起了空前的日本主义热潮。

新艺术运动、装饰艺术运动与艺术风格，也是因为世博会才得以诞生的。

年代	世界史	世博会与各瓷厂主要出品的作品	
1851	· 路易 · 拿破仑 · 波拿巴（拿破仑三世）针对议会发动政变，开始独裁统治（法国）	**第一届伦敦世博会** · 赫伦海兰德：展出"维多利亚系列" · 威基伍德：展出新古典风格的作品 · 斯波德：参展 · 明顿：展出立体釉陶器作品，获得铜奖。明顿第二代传人哈佛·明顿成为维多利亚女王的使者 · 皇家道尔顿：在工业部门展出了园艺用赤陶土作品 · 赛弗尔：展出洛可可风格的作品	
1862	· 俾斯麦推行"铁血政策"（德国）	**伦敦世博会** · 赫伦海兰德：参展。获得一等奖 · 梅森：参展。新洛可可风格作品受到关注 · 皇家伍斯特：展出镂空雕刻作品 · 明顿：展出立体釉陶器作品	
1867	· 大政奉还（日本） · 奥匈帝国成立	**巴黎世博会** ※日本幕府、佐贺藩、萨摩藩参加 · 赫伦海兰德：展出"印度之花" · 梅森：展出新洛可可风格作品并获得好评 · 皇家伍斯特：以世博会为契机，开始专注创作日本主义风格作品 · 皇家道尔顿：展出工业用陶器与"兰贝斯瓷器"	 赫伦海兰德 "印度之花"
1873	· 岩仓使节团归国（日本）	**维也纳世博会** · 赫伦海兰德：参展，入选。被皇帝弗朗茨·约瑟夫一世大量采购，作为送给各国国王的礼物 · 梅森：展出新洛可可风格作品（获得好评） · 皇家伍斯特：展出日本主义风格作品（好评如潮） · 皇家道尔顿：参展	 皇家伍斯特 萨摩烧复刻
1878	· 托马斯·爱迪生发明收音机，并申请专利（美国）	**巴黎世博会** · 皇家伍斯特：参展。获得金奖 · 哈维兰（法国）：参展。获得金奖	
1889	· 巴黎"红磨坊"开业（法国） · 东海道本线开通（日本）	**巴黎世博会** · 皇家哥本哈根：展出阿诺德·克罗格的作品（获得最优秀奖） · 皇家道尔顿：参展	
1900	· 第一辆电动巴士开始在纽约市区运行（美国） · 巴黎奥运会（第二届夏季奥运会）（法国） · 巴黎开通地铁（法国）	**巴黎世博会（装饰艺术风格展）** · 皇家哥本哈根展出"玛格丽特系列"，获得最优秀奖 · 赫伦海兰德：参展。获得银奖	 皇家哥本哈根"仲夏夜之梦"※图为玛格丽特系列的复刻版
1925	· 墨索里尼宣布独裁统治（意大利） · NHK广播开播（日本） · 纳粹党卫军成立（德国）	**在巴黎举办巴黎国际现代化工业装饰艺术展览会（新艺术风格）** · 柏图：展出"Boston"（波士顿），获得金奖	 柏图Boston（波士顿）

柏图 Boston（波士顿）系列

颓废的世纪末艺术诞生的契机之一

德意志统一

普奥战争和普法战争的胜利对艺术和
陶瓷领域都产生了巨大影响

俾斯麦的铁血政策

在了解19世纪后半叶的欧洲陶瓷文化时，德国统一是不可忽视的历史事件，这也是**世纪末艺术在维也纳流行，法国赛弗尔风格的陶瓷器皿在英国流行的原因之一。**

当时，由40多个国家组合而成的德意志联邦被英国、法国、俄罗斯等大国包围，随时有被周围列强吞并的可能，因此，将德意志统一是人们自古以来的夙愿。

但是，针对德意志统一的问题长久以来各国一直争论不休毫无结果。1862年，统一德意志的功臣——**普鲁士的"铁血宰相"奥托·冯·俾斯麦，不顾周围人的反对强制推**行"铁血政策"，铁指武器，血指战争，铁血政策令整个德意志联邦以惊人的速度国富兵强，奠定了与周边各国交战的基础。

三次胜利带来德国统一

铁血政策推行之后俾斯麦开始了下一步作战计划，对想成为统一德意志领袖的普鲁士国王来说，传统的哈布斯堡王朝领导的奥地利是一颗眼中钉，因此他想排除奥地利，采取将原本是天主教国家的南德诸国合并从而完成德意志统一的作战计划。但是这个几乎不可能实现的计划到底谁能胜任呢？俾斯麦在接下来的三场战役中大获全胜，奇迹般地完成了这个任务。

第一场战役是对丹麦的普丹战争。1864年，为了迎战奥地利，俾斯麦率先发动了对丹麦的战争。此次战争中他向奥地利发出邀请，提出联合作战的方案，最终普鲁士与奥地利联手取得胜利。但是，奥地利并没有意识到俾斯麦的真正意图——他想借合作窥探对方的军事实力。在掌握奥地利的战斗力底牌之后，他发动了对奥地利的战争。

普奥战争

第二场战役是1866年发动的普奥战争。普奥战争经常被写成德国–奥地利战争，正确的应该是普鲁士–奥地利战争，使用的不是"德"字而是"普"字。

赛弗尔路易十六风格的明顿瓷盘（1819—1910年制）。受普法战争影响，明顿招揽了赛弗尔的工匠，制造出法国风格的瓷器。

在这场战争中，由于普鲁士军队熟知对方的军事实力，又因为国富兵强拥有先进的武器，最终取得了胜利。奥地利惨败对传统悠久的哈布斯堡家族来说是莫大的耻辱，战败带来的打击令人绝望，这个重创也成为**维也纳颓废的世纪末艺术诞生的契机**。

第三场战役是1870—1871年对法国的普法战争。是普鲁士王国为了统一德国，并与法兰西第二帝国争夺欧洲大陆霸权而爆发的战争。此次战争是由法国发动，最后以普鲁士军队大获全胜，建立德意志帝国而告终。

普鲁士军队秘密铺设铁路网，在普法战争中取得了压倒性的胜利。拿破仑三世被俘，之后普鲁士国王威廉一世就任德意志皇帝。至此，德国统一，诞生了德意志帝国，取代了法国在欧洲大陆的霸主地位。

普法战争给文化领域也带来了巨大影响。印象派画家中唯一一个工人阶级出身的皮埃尔·奥古斯特·雷诺阿曾经参加过普法战争，他死里逃生回到巴黎。同样是印象派画家，克劳德·莫奈出身中产阶级，他流亡到英国，在那里看到了印象派先驱约瑟夫·马洛德·威廉·透纳的绘画作品，令他大开眼界。

对法国来说，战败的打击也很大，并催生出颓废文化的契机。

由于哈布斯堡家族的衰败，1864年维也纳瓷厂关闭，曾属同一领地的奥地利的海兰德继承了它的设计。照片从左起：奥格腾"Old Wiener rose"（经典维也纳玫瑰），奥格腾"Wiener rose"（维也纳玫瑰），赫伦海兰德"Vieille rose de Herend"（赫伦海兰德维也纳玫瑰）

总结

- 俾斯麦通过铁血政策实现了富国强兵。
- 军事力量强大的普鲁士军队在三场战役中大获全胜，实现了统一德意志的夙愿
    1. 对丹麦战争是为了摸清奥地利的军事实力
    2. 对奥地利战争，是为了将哈布斯堡家族－奥地利从德意志联邦中分离出来
    3. 对法国战争，是为了将信奉天主教的德国南部与信奉新教的德国北部结合起来，以法国为假想敌巩固团结
- 普奥战争和普法战争对艺术和陶瓷领域都产生了巨大影响。

掀起世纪末艺术与新艺术的社会风潮
世纪末的欧洲

> 对新时代的不安衍生出世纪末艺术，
> 在对新时代的期待中诞生了新艺术

没有战争的华丽年代

"这张脸看起来就是一副被生活折磨得疲惫不堪的脸，一张世纪末的脸。"——夏目漱石《三四郎》。

从德意志统一到第一次世界大战之间，即19世纪末到20世纪初的40年中，欧洲处于一个没有战乱的和平年代。**巴黎经历了"美好年代"，英国经历了维多利亚时代的"黄金时代"**。

美好年代的法语是"Belle Époque"，与同时期英国的黄金时代"Good old days"意思相同，指巴黎的黄金时代，即19世纪末

世纪末诞生的新艺术风格

到20世纪初繁荣的华丽文化，就是人们印象中的"浪漫之都巴黎"的时代。在给人缤纷绚烂印象的同时，还弥漫着一股**厌世颓废的世纪末风潮**。

世界末日观

世纪末是指以往的信仰（基督教）和权威（阶级社会）被打破，人们失去心灵的依靠，出现怀疑和贪图享乐等颓废倾向的时期。最先从法国开始，之后扩大到维也纳以及整个欧洲。

为什么是法国和维也纳呢？通常认为这源于普法战争战败后带来的虚无感，因为普法战争带来的冲击实在是太大了。同样，在普奥战争中被普鲁士轻松击败的奥地利维也纳也出现了世纪末艺术。两个国家都经历了战败，所以前后诞生了世纪末艺术也不无道理。另外，巴黎大改造和维也纳城市改造的大规模城市开发，在人口密集的情况下依旧保有文化生活的城市基础也是一大原因。

即便如此，为什么仅仅是世纪之交，却让人产生世界末日即将来临的感觉呢？举个通俗易懂的例子，相信经过20世纪80年代的人都听说过诺查丹玛斯的世纪末大预言，大家也都领略过20世纪的末世观。因此，当我形容"就与那时心情一样"时，大家马上就能心领神会——原来是这样。

19世纪末与20世纪末互联网前夜一样，是历史的重大转换期。在第二次工业革命时

期，电力、运输技术、信息等现代文明以前所未有的速度迅猛发展。同时，也给人类带来了被时代的浪潮所吞噬的焦虑感，以及害怕被机器取代的恐惧。人们不知道新的文明到底会令人类变得更加富有还是走向毁灭，面对新世界或许将彻底改变的不安一下子爆发出来。

电灯与电话相继出现，人们发现传染病并非恶魔所为，而是细菌感染造成。迄今为止的生活习惯、世代相传的信仰被颠覆，许多前人教诲我们的经验都不再适用，在新世纪来临之际，人们不得不靠自己重新制定新的价值标准。

对未知时代的恐惧与不安

哲学家弗里德里希·尼采也是在这一时期与神的世界彻底决裂的。尼采认为"人类不应该以神为依靠，而是要靠自己，不依赖其他任何东西活下去，因此，要鼓起勇气，靠自己的力量跨越陷入迷惘中的自己（成为超人）"，可以说这是现代人思想的雏形。世纪末艺术之所以不是单纯的无垢、纯粹、明亮的艺术，是因为它与这些思想有共同之处。

世纪末艺术和维多利亚哥特风格体现出人类对新的文明的恐惧——不知道今后的世界会变成什么样子。与之相反，**新艺术风格充满了"未来世界会变成什么样子"的期待和憧憬**。了解了这一点之后，就很容易区分世纪末出现的三种艺术风格了。

呈现维多利亚哥特风格的莫里斯纹样

总结

● 从德意志统一到第一次世界大战之间，是欧洲文化和平且繁荣的年代。
● 世纪末弥漫着末日般的末世感，盛行令人毛骨悚然的超自然现象。
● 对新文明感到恐惧的世纪末艺术和维多利亚哥特风格。
● 对新文明充满期待的新艺术。

装饰艺术流行的契机

第一次世界大战

人类第一场大规模全面战争，
令欧洲凋敝，美国成为世界中心

规模空前的世界战争

第一次世界大战是因1914年在奥属波斯尼亚首府萨拉热窝发生的奥匈帝国王储斐迪南大公夫妇遇刺事件（萨拉热窝事件）引发的**以欧洲为中心的世界战争**。以德国、奥地利、奥斯曼帝国（土耳其）为中心的同盟国，与以英、法、俄为中心的联军展开激战，1918年以联军取得胜利而告终。当时美国和日本因为站在联军一方，也成为战胜国。

第一次世界大战是一场从根本上颠覆了迄今为止人类社会形态的，伴随着巨大变化的战争。首先，战争规模前所未有。迄今为止的战争大都是短期战，战场基本上也都只限于在前线，参战的是清一色的职业军人，对市民的生活没有影响。然而，随着工业的发展武器生产开始大规模化，这令战势一下子变得难以预测，成了一场意想不到的持久战（4年）。城市遭受轰炸使得整个欧洲都

第一次世界大战成为装饰艺术流行的契机

变成了战场，后方除了士兵还动员了全体国民，成为人类历史上第一场全面战争。

当时正值西班牙流感大暴发，最终士兵和普通市民加起来的死亡者高达数千万人。战争结束后，整个欧洲陷入了劳动力、粮食、燃料全面不足的窘境。

由此，美国代替了常年扮演世界中心角色的欧洲，一跃成为20世纪的新主角。**第一次世界大战世界的主角由欧洲换成美国，这也是历史上一大关键点。**

新价值观诞生

从这个历史发展趋势来看，就不难理解为什么装饰艺术能在第一次世界大战期间为欧洲提供大量物资的美国蓬勃发展了。日本与美国情况相同，所以当时也诞生了大正浪漫文化。

第一次世界大战彻底改变了欧洲市民的价值观。当你和那些本以为身在云端的贵族一起在战场上生活，发现他们也不过是普通人。再加上贵族继承人相继战死，使贵族社会急速衰退。同时，因为欧洲的男性几乎全都被迫参战，在家中的女性们不得不走出家门从事司机、工人等职业，由此加速了女性进入社会的进程。

另一方面，俄国和德国由于长期的战争造成粮食短缺，加上人们对政治的不满情绪高涨，由此爆发了群众革命。两国皇帝被打倒，俄罗斯帝国成为苏维埃联邦，德意志帝国成为德意志共和国。

第一次世界大战后，人们形成了20世纪新的价值观，**创造出电器与机械的新兴文明，随之诞生了在衣食住行方面带来舒适功能性的装饰艺术。**

这场战争令餐具设计发生巨变。图中左上：装饰艺术 Art Déco 风格（战后）/ 图中右下：新艺术 Art Nouveau 风格（战前）

总结

- 第一次世界大战是漫长现代化之路的终点。世界的中心由欧洲转移到美国。
- 人类历史上第一场全面战争。人类社会的价值观从根本上被颠覆，贵族阶级走向衰退，女性开始进入社会，导致俄国和德国革命。
- 获得 20 世纪新价值观的市民创造出装饰艺术文化。

经济繁荣、文化成熟的时代

大正浪漫与白桦派

经济上的宽裕和大正民主政策使大众文化
和消费文化蓬勃发展

战前文化的成熟期

大正时期的日本，因为第一次世界大战而空前繁荣，正所谓"大正泡沫"和"大战景气"。日本作为亚洲最早实现近代化的国家，取代了在第一次世界大战中因为物资不足而苦苦挣扎的欧洲各国，成为物资的主要供应商，创造了巨大的贸易顺差。以陶瓷领域为例，早期则武、濑户Novelty（瓷偶）、大正浪漫风格瓷砖等也在这一时期大量出口到世界各地，带来了经济的繁荣。

因为经济上的宽裕和大正民主政策带来的自由主义风潮，日本**大众文化和消费文化都得到蓬勃发展，成就了大正浪漫时代**。百

大正时期，早期则武作品在国外大受欢迎

货商店等近代商业设施、牛奶软糖和"可尔必思"等新兴消费品、宝家歌剧团和电影院等娱乐活动、面向主妇和儿童阅读的杂志、甲子园等以棒球为代表的体育文化等迅速追赶上了19世纪末在欧洲各国兴起的大众文化。

1919年（大正8年）出版的武者小路实笃的小说《友情》中出现了海水浴（冲浪）、台球、丸善（日本百货公司）、帝国剧场等场景，可以感受到当时的摩登氛围，而以武者小路实笃为首创刊发行的文化刊物就是《白桦》。

白桦派传播的西方美术

白桦派是指以贵族出身的武者小路实笃为中心，由志贺直哉、木下利玄、柳宗悦等学习院成员发行《白桦》文艺杂志的同好艺术小组。成员们都出身武家、公家等上流阶层，是生来身份尊贵的"含着金钥匙出生"的人。白桦派为了配合大正文化的兴起，以理想主义和人道主义为宗旨展开活动。

他们借助杂志《白桦》向大众做美术启蒙。日本高中语文课本中介绍的《白桦》是一本文艺杂志，它也是一本介绍西方绘画的杂志。白桦派成员们在杂志中刊登当时还很少见的印象派绘画和奥古斯特·罗丹的雕塑作品等，热情洋溢的解说给大家提供了新的鉴赏技巧。既不是画廊也不是专业人士的公子们起到了向大众宣传西方绘画，使绘画成

为新的"教养"的作用。

现在看来，比起文艺上的功绩，白桦派最重要的功绩是将当时流行的印象派绘画传入日本。因为民艺运动领袖柳宗悦的关系，在展出他的资助人，实业家大原孙三郎收集的美术品的美术馆中，除了民艺作品以外，还有白桦派成员们收藏的保罗·塞尚和罗丹的作品。

濑户瓷偶

总结

● 由于第一次世界大战的战阵特需，日本经济空前繁荣。大正浪漫文化蓬勃发展。
● 早期则武、濑户瓷偶、大正浪漫风格瓷砖出口到全世界。
● 白桦派将西方绘画推广到日本。

被评价为"粗糙之物"而受到冷遇的
民艺运动

在使用中感受美，
简单朴素的日常生活用具就是"民艺"

柳宗悦发提出"用之美"

得到柳宗悦认可的民艺餐具

白桦派成员之一的**柳宗悦**，因为**创造了"民艺"（大众工艺品的简称）一词和此概念**而闻名。

民艺用一句话概括就是"由民众自己为民众提供的实用且美观的日常手工艺品。"陶瓷器皿包括柿右卫门、九谷烧、白萨摩烧等，与献给幕府和大名的"上等货"正相反，它们是由无名工匠制造的供平民百姓日常使用的工具，被视为没有价值的"粗糙之物"。**柳宗悦提出了"用之美"，即物品不只是用来摆设而是通过使用来展现它的美**，为此他走访了日本各地的手工艺品产地，将其认定为民艺，并把这一概念普及开来。虽说是"认定"，但并非我们想象的那样有严格的评定标准，只要获得柳宗悦认可的东西即被认定为民艺。

柳宗悦认为，民艺具有实用性的简单朴素之美，它们作为日常的道具真正融入生活，有一种被好好使用着的健康之美，与民众的内心愉悦息息相关。得到柳宗悦认可的民艺陶瓷不似贡品般精美，而是每一件都朴实无华，散发着质朴而温暖的气息。

伯纳德·利奇推广了施釉陶器

柳宗悦得到了滨田庄司、河井宽次郎、伯纳德·利奇、芹泽銈介、栋方志功等人的支持，将民艺运动推广到全国。

当时正值大正民主时期，近代化带来的大量消费文化盛极一时，各地手工艺人精耕细作，朴实无华的日常工具几乎被时代的潮流吞没，此时，柳宗悦等民艺运动成员将聚光灯对准了这里，民艺运动承认了差点被遗忘的地方手工艺人的存在，这也体现出白桦派人道主义的一面。

伯纳德·利奇也是民艺运动的成员之一，他在地方的窑厂传授工匠们制造西式陶瓷餐具的方法。日本人把从利奇那里学到的技术称为"利奇把手"，用他教授的技术装上把手的杯子和水瓶，至今仍在日本各地瓷厂继续生产。

利奇将陶器把手的制造方法传授给各地瓷厂

赌上王冠的爱情与陶瓷器皿

嫁给爱德华八世的辛普森夫人，

与 Susie Cooper（苏西·库珀）的代表作 *Dresden Spray* 到底有什么关系呢？

在德雷斯顿风格中融入装饰艺术

Susie Cooper是世界上第一位女性陶器设计师苏西·库帕于20世纪初创立的品牌。已故英国古董收藏家、料理研究家，同时也是日本简约主义生活先驱的大原照子女士将Susie Cooper介绍到日本。我十分崇拜她的生活方式，建议大家"买一些自己喜欢的漂亮餐具"也是受到大原女士的感召。

大原女士最喜欢的是20世纪20年代到30年代的作品，手绘的粉笔色花纹给人一种十分温暖的感觉。因为她的喜好一直不停向日本进口那个时代的Susie Cooper的古董和中古款（vintage）（古董指历史有100年以上，中古多是几十年~不到100年的商品），据说现如今日本拥有的数量比英国还多，她的先见之明和热情着实令人震惊。

我最喜欢的是Susie Cooper的"Dresden Spray"

系列，这是英国国王爱德华八世在1935年送给她的妻子辛普森夫人的，是一个有故事的系列。爱德华八世就是那个有名的"为爱情赌上王冠"的人物，当时，他为了与有过离婚史的而且还是美国人的辛普森夫人私奔而放弃了王位。

Susie Cooper的"Dresden Spray"到底有多么与众不同，只要看看其他德累斯顿风格的茶杯就一目了然了。原本的德累斯顿风格是华丽的金色花纹装饰搭配大量繁复的手绘洛可可风格的德国花卉，把它与其他瓷厂的经典作品放在一起，就能清楚地看到Susie Cooper的绘法有多么新颖，多么靠近艺术装饰风格，从她的设计中让人感受到新时代的到来。

左起：Susie Cooper 的 "Dresden Spray"、早期则武的德雷斯顿风格茶杯、德国巴伐利亚（Bavaria）瓷器 "德累斯顿花卉"

阿加莎·克里斯蒂的陶瓷收藏品

在"推理小说女王"阿加莎·克里斯蒂的作品中
时不时会出现对陶瓷的描写

全家都爱好收藏陶瓷器

"弗洛伦斯将皇家皇冠德比的高级陶器放在托盘上端了过来。这大概是艾米莉小姐从自己家里拿过来的吧。"《魔手》（The Moving Finger），〔日〕高桥风译。

"用德雷斯顿的茶杯喝着中国茶，吃着小到难以置信的三明治，说着话。"《三幕悲剧》（Three-Act Tragedy），〔日〕长野清美译。

在"推理小说女王"阿加莎·克里斯蒂的作品中时常可见对陶瓷的描写，漂亮的伍斯特咖啡杯、斯波德甜点套装，甚至还有"虽然不是真正的罗金翰和达文波特，但也能唬人，就像BLIND EARL的瓷器一样。"

"BLIND EARL"是英国皇家伍斯特瓷厂为失明的英国伯爵制造的餐具系列，为了让他通过触摸分辨出植物图案而将其做成立体形状，意为"失明的伯爵"，这种专业术语除了非常精通陶瓷器的人几乎无人知晓。

这也难怪，因为克里斯蒂整个家族都是陶瓷收藏家，在她的别墅"Greenway House"中陈列着各式各样的家族收藏品。

克里斯蒂的祖父母和双亲收藏的陶瓷器多为梅森（德国）、Samson Paris（法国）、卡波迪蒙特（意大利）、皇家皇冠德比（英国）等。她的父亲尤为钟爱梅森和Samson Paris制造的仿梅森的瓷偶，特别是Samson仿梅森杰作的"雪球"和"即兴戏剧"的复制品，在家族收藏品中也给人留下了深刻印象。

跟真龙虾别无两样的马约利卡陶器（葡萄牙），也是喜欢龙虾的克里斯蒂的收藏。克里斯蒂的第二任丈夫，身为考古学家的马克斯·马洛温将中国唐朝的唐三彩骆驼和宋朝的盘子当作礼物送给克里斯蒂，不愧是考古学家的选择。

克里斯蒂女儿夫妇收藏了英国工作室陶艺（Studio Pottery）的作品。工作室陶艺在日本指的是"个人瓷器工房"和"个人作家"，这个概念是由伯纳德·利奇在参观日本人的个人瓷器作坊之后引进英国的。

在英国，以前没有个人作坊，陶瓷都是由大公司旗下的大型工厂生产制造。利奇、滨田庄司，还有曾经在制造丹波烧的丹窗瓷窑进修的利奇的妻子珍妮特·利奇的作品，都属于Greenway House的收藏。看到克里斯蒂还收藏了与日本有渊源的陶艺家们的作品，不由得觉得很开心。

克里斯蒂的两任丈夫都是上层中产阶级，但因为她父亲是美国的资本家，所以她相当于出身英国的上流阶级。对这个阶层的人来说，收藏陶瓷、历史文物、博物学文物是一种有知识有教养的爱好，也是一种好习惯。对克里斯蒂家族的几代人来说，这些不计其数的收藏品既是他们共同的兴趣爱好，也是将彼此联系在一起的重要纽带。

皇家伍斯特"BLIND EARL"系列

第五章

西式陶瓷历史上的重要人物

本章介绍在西式陶瓷诞生和发展进程中不可或缺的人物，
以及历史上热爱瓷器的名人。

拥有科学家、画家等多重身份的陶工

伯纳德·贝利希(Bernard Palissy)

坚韧不拔地持续创作，坚守自己信念的人
用器皿展现真实的自然世界

被珐琅陶瓷吸引而走上陶艺之路

在法国赛弗尔陶瓷博物馆正门入口处，有一尊手持大型椭圆形器皿的青铜人像，他就是**活跃于法国文艺复兴时期的陶工伯纳德·贝利希（1510—1590）**。贝利希手中所持的正是**以他名字命名的，并且在世界各地广泛流传的"田园风陶器"**（Figure rustic）。

如今被称为"Palissy ware"（贝利希陶器）的田园风陶器，是一种点缀着各种写实且立体的动植物浮雕的陶瓷，乍一看甚至会让人觉得怪诞。蛇、蜥蜴、青蛙等动物浮雕都是贝利希从实物套模而成的，所以都是原尺寸大小，几乎能以假乱真。

贝利希原本是玻璃工匠，但是机缘巧合他看到了一只白色珐琅陶瓷碗，瞬间被它的美所吸引，于是立志成为陶艺家。当时约为1540年，西方在200多年后才开始制造瓷器。

当时，法国没有制造田园风陶器所需的能呈现微妙配色的釉药，为此贝利希经过十几年的反复尝试，忍受着穷困和周围人的不理解，终于成功研发出釉药。他制作的陶器获得了极高评价，开始接到来自凯瑟琳·德·美第奇（法国国王亨利二世的妻子）等权贵的订单。他虽然是当时法国镇压的信**奉加尔文教派的新教徒**，但因为有王后的庇护，破例授予他"国王御用田园风陶工艺始祖"的称号，并在王宫内为他建造了工作室，方便他为王室制造陶器。你能想象身为

新教教徒的陶工在信奉天主教的王宫里制造瓷器是一件多么罕见的事情吗？

贝利希的忍耐

当庇护他的权贵去世后，贝利希因为拒绝改信天主教而被关进巴士底监狱，最后死在狱中。

法国自古以来就有"贝利希的忍耐"这一词。他本来是玻璃工匠没有任何制陶经验，他一直不间断地在暗中摸索，他用了16年的时间调配出完美的釉药，从开始研究如何制陶到终于能自称是"陶工"总共用了18年的时间。此外，他果断拒绝了让他改信天主教的要求，直到临终都坚持自己是新教的胡格诺派教徒。关于他的故事在《西

国立志篇》中有这样的描述："坚强的意志就是他成功的原动力。"（选自《西国立志编》〔日〕中村正直译。原著为《自助论》，〔英〕塞缪尔·斯迈尔斯著），有兴趣想深度了解的读者可以读一读。

为什么他一定要把那些栩栩如生的甚至看起来有些怪诞的动植物放在器皿上呢？那是因为贫困的生活使得他没有机会接触神学和哲学，对他而言从自然界中学来的东西就是真理。蜥蜴也好，小龙虾也罢，都是可爱的小动物，认为它们"怪诞，令人恶心"是因为人类自己带着偏见，水边聚集的野生小动物和植物遵循着自然界的法则而生存的世界才是最真实的世界，这是他一直以来信仰的世界。正因如此，他到最后都拒绝改信天主教。

贝利希被关进巴士底监狱时，当时的法国国王曾经游说他改宗，他回答说："我从一开始就决定将自己奉献给创造出生命的造物主——上帝。我虽然身份卑微，但已经明白应该如何面对死亡，所以我不会因为国王和国民的逼迫而改变自己的意志。"（选自《西国立志编》），几天后他安详地离开了人世。

贝利希亲手制造的田园风陶器存世非常稀少，现在被认为是田园风陶器的器皿都是由受他影响的陶工们仿制而成的。此外，田园风陶器从19世纪中期开始再次受到人们关注，**田园风制陶技术也被认为是新艺术时期流行的Barbotine的起源**，由此可见他留下的

巨大功绩。

矗立在国立赛弗尔陶瓷博物馆正面入口处的贝利希青铜像，左手拿着他创作的田园风陶器。

田园风陶器

👉 **深入探索**

法国 faience（彩釉陶器）和 Barbotine……p119
宗教改革……p212
《西国立志编》……p249

欧洲首次烧制出白瓷

约翰·弗雷德里希·柏特格
(Johann Friedrich Böttger)

运用药剂师的科学知识
被奥古斯特二世囚禁于城堡中开发硬质瓷

被瓷器制造搅得天翻地覆的人生

18世纪，**约翰·弗雷德里希·柏特格**解开了西方国家苦苦研究的制瓷工艺之谜。说他的一生被瓷器制造搅得天翻地覆也不为过。

柏特格14岁作为药剂师在柏林学习，期间他被炼金术所吸引。当时，包括奥古斯特二世统治的萨克森王国在内，许多国家战乱不停，急需军事资金，就在这时，不知从哪里开始谣传柏特格试验成功，能把银币变成金子，他被普鲁士国王追赶，逃到萨克森。1701年，柏特格被逮捕，从此作为萨克森的囚犯开始参与炼金实验。

但是制造黄金不过是个谎言，当时流行的传言是他掌握了炼金术，实际上这只是一个骗局，柏特格差点被判死刑，但是当时的宫廷科学家契恩豪斯高度评价了他的化学才能，才使他免于一死。同时，他向奥古斯特二世提议，让柏特格研究可以靠人手制造出的"白色金子"，即烧制瓷器。柏特格冒着生命危险不懈地钻研，加上契恩豪斯的帮助，9年后终于在**德国厄尔士山脉的奥厄地区找到了高岭土，成功烧制出硬质瓷器。**

但是，由于奥古斯特二世担心瓷器烧制的秘密被泄露出去，将柏特格继续囚禁在监狱中。能给国王带来巨额财富的秘方，一经诞生便成了重要的国家机密。**被囚禁的柏特格终日借酒消愁，最终死于狱中，年仅**

37岁。讽刺的是，事与愿违，奥古斯特二世极为重视的制瓷秘方没多久就传遍了整个欧洲。

这是一幅描绘着醉醺醺的柏特格的绘画。他表情忧郁，左手拿着烧制瓷器的工具，右手拿着装着酒的酒杯。

🖎 **深入探索**

《西国立志编》与陶瓷器皿

日本明治时代，与福泽谕吉的《劝学篇》齐名的畅销书是《西国立志编》，原著是由日本教育家中村正直翻译的英国作家塞缪尔·斯迈尔斯撰写的《自助论》（1859年），《西国立志编》于1871年（明治4年）在日本发行。

原著《自助论》以著名格言"天助者己也"为开头，汇集了300多人的成功经验。作为新时代青年人的榜样，作者在书中通俗易懂地阐述了"为了成功，需要自身不懈努力"这一观点。

在书中第3章《忍耐是成功的源泉》中，斯迈尔斯选择了3个人来佐证"陶艺家，是需要惊人的忍耐力才能留下惊人成果的一个群体"这一说法。第一个人是贝利希，把他作为"忍耐是成功的源泉"的代表人物介绍给大家。第二个人是柏特格，斯迈尔斯说："如果不是以美丽的心情去追求成功就会变得不幸"，颇有点把他当成反面教材来描写的意思。

第三个人是威基伍德的创始人乔舒亚·威基伍德，斯迈尔斯对他给予了极高的评价，称他不单纯是"陶瓷领域中的伟人"，还是"文明世界发展的英雄"。

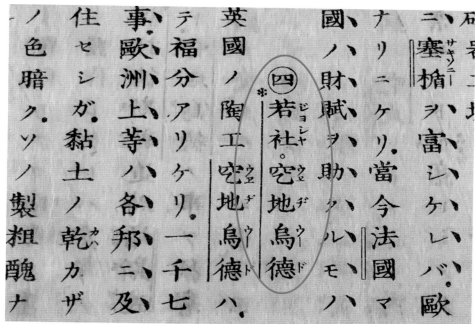

《西国立志编》的书籍封面（雁金屋清吉印刷，加纳收藏）。书中把乔舒亚·威基伍德称为"若社。窑地乌德"。

热爱陶瓷的家族
哈布斯堡家族(Habsburg)

东方瓷器收藏家玛丽娅·特蕾莎女王
玛丽·安托瓦内特和弗朗茨·约瑟夫一世也资助过瓷厂

至今仍在持续资助

维也纳美泉宫是著名的观光胜地，也是玛丽娅·特蕾莎女王最喜欢的夏日离宫，宫殿中有一间被称为"日式房间"的屋子，可以看到精美的古伊万里收藏品。其实，玛丽娅·特蕾莎是一个对东方瓷器非常着迷的收藏爱好者，所以她不可能不希望当时有"白色金子"之称的瓷器出现在自己的领地内。特蕾莎毫不吝啬地资助当时领土内唯一成功制造出瓷器的维也纳瓷厂，并使之成为与梅森、赛弗尔比肩而立的著名瓷厂。

玛丽娅·特蕾莎的女儿玛丽·安托瓦内特是法国赛弗尔瓷厂的资助人，玛丽娅·特蕾莎的丈夫弗朗茨·约瑟夫一世是匈牙利海兰德瓷厂的资助人。哈布斯堡家族与维也纳瓷厂一起，成为三个国家代表瓷厂的资助人。

设计　Ginori1735的"GRANDUCA"（大公妃）

意大利最有代表性的瓷厂之一Ginori1735，曾经专门为玛丽娅·特蕾莎设计过一款名为"GRANDUCA"的系列餐具。为什么意大利的品牌要给拥有维也纳瓷厂的特蕾莎女王献上陶瓷餐具呢？这其中隐藏着一个跟特蕾莎大婚有关的小插曲。

1736年，特蕾莎与弗朗茨·约瑟夫一世成婚，他们两人是因为彼此相爱而结合在一起的，这在那个以婚姻外交为主流的年代是十分罕见的。但是，这场婚姻受到了周围各国的强烈反对，弗朗茨一世为了这段婚姻被认可，放弃了故国格林公国（现法国与德国交界附近）。作为交换，他成了Giniri1735瓷厂所在地托斯卡纳大公国的国王。

"GRANDUCA"是Ginori1735特意为特蕾莎设计的，为了庆祝她因为丈夫继承托斯卡纳大公国之后同时兼任托斯卡纳大公国王妃。特蕾莎喜爱的东方趣味花卉图案固然给人留下深刻印象，但当你了解其创作的时代背景之后，就更容易理解这个系列被取名为"GRANDUCA"的原因了。

培育出赛弗尔瓷厂的王室情妇

蓬帕杜夫人(Madame de Pompadour)

从资产阶级上位，将文森瓷厂培养成"皇家制陶所"

她将沙龙文化发展成洛可可文化

蓬帕杜夫人，本名让娜·安托瓦妮特·普瓦松，生于1721年，据说她从少女时代就拥有**罕见的美貌和文学艺术才能，以机智的口才吸引了众人。**按照惯例，只有出身贵族的已婚女性才能担任国王的情妇，但她因为出众的才能成为第一位资产阶级出身的王室情妇。

她在20岁时结过一次婚，4年后的1745年，她在森林中遇到喜欢打猎的路易十五，两人由此开始恋爱。路易十五将她请进凡尔赛宫，授予她法国中部的蓬帕杜领地以及女侯爵的头衔，此后，她作为**"蓬帕杜侯爵夫人"**长期活跃于巴黎社交界。

无论是宝石还是礼服，蓬帕杜夫人对一切美丽的事物都表现出执着的热爱，而其中最令她着迷的非瓷器莫属。她把成功烧制出白瓷的文森瓷厂提升为"王立制陶所"，为了维持瓷厂的运营投入了巨额国家经费，并在此后的20年间禁止文森瓷厂以外的其他瓷厂制造瓷器。名副其实的"王立制陶所"开始顺利运作之后，蓬帕杜夫人将瓷厂搬到自己寓所附近的赛弗尔，名称也改为**"法国王立赛弗尔瓷器制造所"**。

她的沙龙夜夜笙歌，思想家、学者、艺术家云集，通过与他们的交流，她的感性与知性不断丰富。沙龙内的文化逐渐升华为优美华丽的洛可可风格，洛可可风格因此进入鼎盛时期。

与厌恶政治的国王不同，蓬帕杜夫人还兼具政治能力，**外交问题和国家经济问题都由她的沙龙决定。**七年战争时，因为她与玛丽娅·特蕾莎统治的奥地利结成同盟，令法国遭遇了致命性的失败。但是，因为同盟的关系，玛丽·安托瓦内特后来以政治联姻的方式嫁到了法国。

📖 深入探索

赛弗尔……p50
洛可可风格……p140
裙撑同盟与七年战争……p214
玛丽·安托瓦内特……p252

并非挥霍无度的王后

玛丽·安托瓦内特(Marie Antoinette)

从路易十六风格的陶瓷餐具可以窥见真正的她
与轻浮、奢靡的印象大相径庭

"轻浮、穷奢极欲、沉迷于享乐的王妃"，"对身材微胖又有点愚钝的丈夫感到厌倦，夫妻感情冷淡"，这些都是曾经对玛丽·安托瓦内特和路易十六的评价。但是，随着现代人深入地研究，让我们看到了国王和王后真实的样子，那些把他们送上断头台的人所塑造出来的印象已经不复存在。

路易十六是一个身材修长，精通多国语言的博学之人，而玛丽·安托瓦内特拥有卓越的审美情趣和率真的温柔。如果路易十六统治时期是和平时期，想必不会有比他们更受人爱戴的国王夫妇了吧。只可惜那时正处于革命的非常时期，心有余而力不足的两人没有施展拳脚的机会。玛丽·安托瓦内特的悲剧在于，她生在一个时代的齿轮已经不允许旧体制存在的年代。

从她的后半生中，我们可以窥见她的本来面貌，并不是那个路易十五时代（洛可可时代）好像扯线木偶般被玩弄的她。最明显的表现就是路易十六风格的陶瓷餐具，当时的赛弗尔瓷厂制造出路易十六收藏的新古典主义风格的浮雕装饰和玛丽·安托瓦内特喜爱的矢车菊图案的餐具等，这些存世的陶瓷器都反映出国王夫妇的爱好，也让人感受到了隐藏在其中的夫妻之爱。

讽刺的是，路易十六因为没有王室情妇也成为造成她悲剧人生的主要原因之一。因为王室情妇还肩负着担任时尚领袖和国民厌恶对象等重要的任务，同时也间接地实现了保护国王的正室——王妃（大多数情况下政

治联姻的对象都是其他国家的皇族，是十分重要的存在）的作用。但是，路易十六没有王室情妇，结果导致玛丽·安托瓦内特既要履行王妃的职责还要兼顾王室情妇的义务。作为一国之母生下皇太子，成为时尚领袖，集国民厌恶于一身的玛丽·安托瓦内特，在旧体制的常识中，属实是一位尽职尽责的女性。

将制瓷方法泄露到整个欧洲的窑人
克里斯托夫·康拉德·亨格尔
(Christoph Konrad Hunger)

> 先后辗转于五家瓷厂，
> 将梅森制瓷工艺的秘密散播开来

凭一己之力游走整个欧洲

流水工匠、流动板，是指凭借自己的手艺（技术）游走于各地的工匠。

古今中外，有很多"一匹狼"工匠，亨格尔正是这样的流浪窑人。他游走于各个有名的瓷厂之间，每到一处就将梅森的制瓷方法一一泄露。

1710年，他首先进入梅森工作，1717年跳槽到维也纳瓷厂，短短三年工夫再次跳槽到Vezzi瓷厂。1725年重新回到梅森，1735年又跳槽去Doccia瓷厂。两年之后，最后一次跳槽到哥本哈根瓷厂。

真是令人眼花缭乱的跳槽经历，如果把它当成现代社会的简历，恐怕还在应聘之前就已经被拒之门外了。亨格尔把相当于国家机密的制瓷工艺泄露给敌对国，竟然能逃过暗杀全身而退，不得不感叹他的运气实在太好。

👉 欧洲硬质瓷器系谱　亨格尔传播制瓷方法的路径

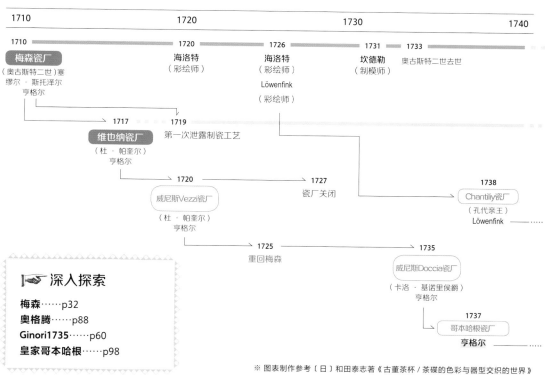

| 1710 | 1720 | 1730 | 1740 |

👉 深入探索

※ 图表制作参考〔日〕和田泰志著《古董茶杯／茶碟的色彩与器型交织的世界》

被誉为"英国陶瓷之父"的

乔舒亚·威基伍德(Josiah Wedgwood)

既是科学家又是慈善家
世界著名陶瓷品牌"WEDGWOOD"（威基伍德）
创始人

不仅限于对陶瓷界的贡献

关于威基伍德的创始人乔舒亚·威基伍德，有很多文献留存下来，虽然其中不乏有一些夸张的内容，但关于威基伍德是实干家、企业家、慈善家、科学家的描述可以肯定是事实，他的一生可以说成就相当高。

他是威基伍德的创始人，后来被誉为"英国陶瓷之父"。他实现了陶瓷批量生产，引进了展厅和目录销售等在当时是非常崭新的销售手法，甚至还修建了运河，建立了当时最新的物流体系。他小时候曾患天花导致一条腿被截肢，因为自己是残疾人所以他总会站在弱势者的角度看问题，不仅为陶瓷界，也为社会做出了巨大贡献。不过，与他众多耀眼的头衔相反，在位于特伦特河畔斯托克市中心的一座教堂里的墓碑上，只刻着"Josiah Wedgwood 1730—1795 Potter"（乔舒亚·威基伍德 1730-1795 陶工）。

介绍一下与威基伍德有关的人物。**他的表妹莎拉，1764年与他结婚成为他的妻子。**她聪明、洞察力强，又受过高等教育，担任顾问和秘书的工作，在陶瓷餐具设计上威基伍德经常征求她的意见。

威基伍德瓷厂的合作伙伴**托马斯·本特利，他不仅学历高还精通古典艺术**，曾经参加过环欧旅行，乔舒亚着迷于新古典主义与他的影响密不可分。

伊拉斯谟斯·达尔文，是一名植物学家同时也是威基伍德的主治医生，两人彼此尊敬。后来乔舒亚的女儿与伊拉斯谟斯的儿

子结婚，他们的儿子便是**《物种起源》的作者——查尔斯·达尔文。**

威基伍德与斯波德创始人意想不到的关联
乔舒亚·斯波德(Josiah Spode)

从幼年时的经历到实习时的陶瓷工房，
连下葬的墓地都在一起，这两人到底是什么关系

斯波德创始人

　　威基伍德的创始人乔舒亚·威基伍德，与斯波德的创始人乔舒亚·斯波德，两个人不仅名字都是乔舒亚（Josiah），在创立品牌的经历等方面也有很多共同点。

　　值得注意的是，**两个人都与当时英国有名的陶艺家托马斯·威尔顿一起工作过。**斯波德是工匠，威基伍德是合伙人，两人各自工作。

　　斯波德与威基伍德一起工作的时间并不长，即便如此，斯波德还是对比自己大三岁的威基伍德满是崇拜，威基伍德作为合伙人工作的样子，和他对英国陶瓷界立下的丰功伟绩对斯波德来说都是一种激励。两个人关系很好，威基伍德还给斯波德提供了不少关于经营瓷厂的建议，这些故事都曾留下历史记载。

　　通过切磋技艺为英国陶瓷业界带来繁荣的**两人被埋葬在同一块墓地中**，由此可见他们在特伦特河畔斯托克的贡献之大。

👉 深入探索

威基伍德……p72
斯波德……p74

历史 ▷ **威基伍德在创立期间并没有制造骨瓷**

　　每当我说到威基伍德在创立期并没有制造骨瓷时，很多人都表示惊讶。在大家的印象中"威基伍德=骨瓷"，但在乔舒亚的时代，骨瓷并没有被制造出来。

　　不可思议的是，乔舒亚可以说非常顽固，

他并没有着手开发瓷器，威基伍德真正开始生产骨瓷是从乔舒亚的儿子乔舒亚·威基伍德二世时代才开始的。那么，最初将骨瓷商品化的是谁呢？答案是——斯波德。

设计 维克多·斯科莱姆（Victor Skellern）

要说代表威基伍德的高级骨瓷餐具系列，那一定是"野草莓"（Wild strawberry），它诞生于1965年威基伍德第五代时期，至今依旧人气很高。

威基伍德第五代在1929年发生世界大萧条的第二年就任董事，为了扭转威基伍德经营困难的局面，1934年起用了新的设计总监维克多·斯科莱姆（Victor Skellern）。维克多从创始人乔舒亚的纹饰档案中获得灵感，于1957年设计了"Strawberry hill"（草莓山）系列，之后经过改良，于1865年诞生了"Wild strawberry"（野草莓）系列。

其实，给人以知性新古典主义风格印象的"丝绸之路"系列也是出自维克多之手。他设计的"草莓山"和"丝绸之路"都是参考了过去的图案而设计出来的"档案作品"。

"草莓山"是在创始人乔舒亚时代制作的最初的档案资料中收录的图案，而"丝绸之路"是在1874年首次发布，维克多修改了当时的图案，形成了现在的设计。

在威基伍德的作品中，有很多温故而知新的设计，它们传承了过去图案的同时又被现代设计师们注入新的气息。如果在其他的设计中发现了"似曾相识"的作品，请一定上网查看威基伍德以前的产品目录，说不定会有新的发现！

"Strawberry hill"（草莓山）系列

"Wild strawberry"（野草莓）系列

附录

陶瓷餐具的使用方法

在了解了陶瓷餐具之后，请一定要把玩和使用，
仅欣赏和憧憬一下就结束未免太可惜。
只有通过实际使用才能扩大对陶瓷餐具的认知。
本章对陶瓷餐具的选购、料理搭配、保管方法进行了总结。

陶瓷餐具的甄选和使用

按照自己的喜好用心甄选。
在美丽工艺品的围绕下，
过心灵富足的生活。

购买之前先整理

处理不要的餐具

在购买陶瓷餐具之前，首先把家里的餐具整理一下。破损的、裂口的餐具容易令人受伤，借此机会把它们痛快地处理掉。不需要的餐具可以送给正好有需要的人，也可以送到回收中心等再利用机构，跳蚤市场也是个不错的选择。有纪念意义的餐具不要放在碗柜里，如果不使用就将它们另行收藏。

礼品餐具不要一直闲置

在购买新的陶瓷餐具之前，记得先把以前收到的餐具礼盒打开看看。那些总觉得怪可惜的、舍不得用的陶瓷餐具，其实让它们一直在箱柜中沉睡才是最可惜的。

陶瓷餐具甄选小贴士

挑选自己喜欢的，积少成多

严选自己真正喜欢的美器，不要将它们束之高阁，平时的一日三餐或招待客人，就要随意地将它们做日常之用。使用美丽的器物，不仅为了款待客人，也是为了款待自己。

没必要购买一整套瓷器，很多陶瓷餐具店中的商品都是单个售卖，一只盘子、一只碗，完全根据客人需求来搭配。当餐桌上摆满自己喜欢的餐具时，一定会感到赏心悦目。

一定要拿在手上试一试

轻重、大小、质感，只有亲手拿起来试过才知道。特别是日本的碗柜有些空间很小，叠摞摆放餐具时的厚度也是选购餐具的关键。在购买前一定要和店员沟通，拿在手上感受一下。

犹豫不决时就选择经典款

不知道选哪一款的时候，建议大家购买最畅销的经典款。经典款是王侯贵族和有审美眼光的人们一直选择的，没有淹没在流行和时代的浪潮中，被一代代传承下来的款式。只要选择经典款，外行人也能买到"美不出错"的餐具。尤其是家庭用餐具，选择自己喜欢的经典款可以历久弥新。

尊重家人的喜好

碗、筷子、茶杯、马克杯，这些容易辨认出主人的餐具，最好根据家人各自的喜好来选购。应该和招待客人用的成套餐具区分开。

均衡、有计划地收集

供日常使用的陶瓷餐具，同样尺寸不需要收集太多种类。应综合考虑家中缺少的、与料理的适配度、与现有餐具的适配度、收纳空间、预算等因素，然后有计划地购入。

按照主题进行收藏

对喜欢的陶瓷餐具，比起使用更倾向于收藏的人来说，甄选方法有所不同，需要从不同的角度切入。千万不要盲目收集，先确定主题和主要方向，然后再开始，这一点很重要。可以从喜欢的品牌、艺术风格、器型等切入，锁定主题才是收藏的关键。

小型咖啡杯系列。为收藏家们准备了种类繁多的橱柜收藏品 Cabinet Collection（鉴赏用）。

实用的收纳方法

根据使用频率划分区域

　　日常用餐具根据使用频率的高低进行摆放，最常用的属于第一梯队，应该放在视线与碗柜平行或稍稍往下一点的位置。第二梯队放在向上或向下伸手够得着的地方。季节性餐具和大型餐具属于第三梯队，放在上述以外的位置。若放在抽屉里，记得一定要铺好防滑垫。漂亮的手绘瓷盘等建议不要收进碗柜，而是作为赏盘展示出来。

陶瓷餐具叠放要点

　　盘子要根据厚度、重量和架子的高低来叠放。需要注意的是，因为陶器和瓷器等材质不同可能会因为叠放造成划痕。对于茶杯和茶碟的收纳，如果茶杯口不是外扩型的话，可以将4只杯子的把手相互组合，这样就能节省空间（参照图3）。

可以放入微波炉的餐具要分开摆放

　　有金银装饰和手绘的陶瓷餐具大多不能放入微波炉，为了避免家人错误使用，可以分开摆放。

1. 我家碗柜的一角。则武的"Cher blanc"（白色经典），特意设计成叠放时能够紧凑收纳的空间。/ 2. 把深盘放在平盘上面方便拿取。/ 3. 器型相同的杯子，将4个把手相互组合可以紧凑地收纳。/ 4. 特意一套套单独摆放，奢侈地使用抽屉。/ 5. 推荐将手绘瓷盘作为赏盘展示。

陶瓷餐具的使用方法

使用前先确认是否可用于洗碗机和微波炉

　　本书中介绍的大部分高级陶瓷餐具都不能用于微波炉和洗碗机，尤其是古董餐具几乎无一例外，只要记住这一点就不会出错了。近年很多老牌餐具制造商也开始生产可用于洗碗机和微波炉使用的陶瓷餐具，如果每天的餐桌上都离不开微波炉和洗碗机，那么建议您选购对应款。另外，北欧的陶瓷品牌很多都可以在烤箱中使用。

原则上需要手洗
不要使用含有三氯氰胺成分的强力去污绵和带研磨效果的海绵

　　高级陶瓷餐具原则上都要手洗，或者用中性洗涤剂小心清洗。特别是手绘和金彩的部分，千万不要用力搓洗。就算脏得很厉害，也不要使用含有三氯氰胺成分的强力去污绵或带研磨效果的海绵。

开片纹有污渍的餐具。即使是同样的图案，以前的古董和中古款都是有开片纹的陶器，现在同款系列有不少换成了瓷器和骨瓷，例如日光的"SANSUI"（山水）系列和Burleigh 瓷器等。

有开片纹的陶瓷要注意污渍

　　这是一不留神就容易犯的错误，一定要注意，如法国faience的古董瓷器等。陶器上的开片纹（开片纹是在烧制过程中因为釉药收缩而形成的细小的裂纹，并不是缺陷）非常容易吸水，如果红茶、咖啡、酱油等深色液体留在上面不马上清洗的话会形成污渍，即使漂白也无法完全清除，所以用完之后要马上清洗、擦干。如果觉得使用起来麻烦的话，我推荐选择瓷器和骨瓷。

避免过冷和过热

　　要特别注意避免过冷和过热，把热水倒进冷却的容器里时，有突然裂开的风险。尤其是轻薄纤细的白瓷餐具，破碎的概率很高，在倒入热水前记得先用温水烫一下杯子。

陶瓷餐具与料理的组合方法

陶瓷餐具要与料理的规格一致

　　"陶瓷餐具是料理的和服",这是来自陶艺家兼美食家北大路鲁山人的一句话,意思是陶瓷餐具是用来盛放食物的器物,它同时还具有衬托食物的作用。从现在起,当大家考虑要用什么餐具来盛装食物时候,只要把与食物搭配的规则放在心上就可以了。

　　和服要根据"TPO原则"(即时间Time、地点Place、场合Occasion)来决定着装标准,是特别的纪念日还是平常日,所穿的和服款式均有不同,这不是由和服的价格来决定的,而是由和服的档次来决定的。再贵的大岛绸(捻线绸的一种)也不能穿去参加婚礼,因为捻线绸是日常穿的。

　　同样,陶瓷餐具也要根据料理的规格来选择。陶瓷餐具与和服一样,跟价格并无直接关系,这点需要注意。有规格低但价格昂贵的餐具,也有价格适中但规格很高的印花陶瓷餐具,要根据预算来选择。偶尔失手也不要紧,千万不要中规中矩,通过了解陶瓷餐具的"着装要求"能体现一个人的修养和品位,这一点才是最重要的。所以,希望大家能掌握陶瓷餐具的"穿搭规则",让餐桌变得丰富多彩起来吧!

☞ **规格高的陶瓷餐具用来待客**

· 施金彩的陶瓷餐具
· 洛可可风格、新古典主义风格、帝政风格
· 主题为仿柿右卫门和仿萨摩烧等日式风格的高级陶瓷餐具
　用来款待客人或家族庆典等值得纪念的日子。

☞ **规格普通的陶瓷餐具用于日常饮食**

· 没有施金彩的陶瓷餐具
· 现代北欧图案
· 有温度的质朴的陶器
· 铜板转印
· 民艺餐具
　诸如此类,用来盛放日常家常料理、快餐、零食等。

上图是哈维兰的"Louveciennes"(路维希安),左下图是大仓陶园的"蓝玫瑰",右下图是奥格腾的"Imperial garden"

上图是阿拉比亚的"Paratiisi black"(黑色硕果系列),左下图是罗斯兰的"Monami",右下图是威基伍德的"Susie Cooper"(苏西库珀)

与其他餐具的搭配方法

　　使用手边现有的餐具进行搭配时，要有意识地结合色调、材质、餐具的规格进行搭配，这一点很重要。色调方面，使用同色系绝对不会出错。尤其是青花瓷餐具，各大品牌均有生产，不同品牌混搭的组合也不会产生任何突兀感，使用起来非常方便。

　　材质方面，生坯的质感和厚度要尽量一致，不同素材的日式餐具摆在一起是很有品位的组合。但是这种搭配方法并不适合西式餐具，试想一下把轻薄的瓷器和厚重的陶瓷放在一起，感觉看起来很不

协调，瓷器就清一色瓷器，陶器就清一色陶瓷，这样才能让餐桌呈现统一。当餐具的材质不同时，选择生坯厚度相近的餐具比较容易搭配。另外，还有光滑的瓷器和漆器、稍微有些粗糙感的陶器、炻器和石板器皿等，建议用"手感相似的餐具"进行搭配组合。

　　关于餐具的规格，当餐具规格不一时就会失去统一感。餐具的规格作为与其他餐具搭配的诀窍是必要的信息，请务必谨记。

同色调组合。蓝与白可用于中西合璧搭配，非常实用。

以陶瓷为例，相同的材质组合在一起能降低失败的概率。照片中是威基伍德，全都是骨瓷，花纹图案和素色的搭配很适合初学者。

金彩瓷器（赫伦海兰德的"阿波尼"）与漆器的组合，都是高规格器物，是可用于招待长辈的高雅搭配。再配上高级的日式点心，与器皿规格相配，十分舒服。

色调相近器型相同，就算图案完全不同也不会觉得繁杂。

威基伍德 "野草莓"，配合盘上图案装满草莓

左图：平时餐桌上喜欢用西式陶瓷餐具的乐趣——在没有把手的茶杯和碗里装上盖饭
右图：用西式陶瓷餐具盛装日式点心。梅森 "Wellenspiel"（波浪浮雕）

餐具不仅有使用的乐趣，还有观赏和装饰的乐趣。图为皇家皇冠德比伊万里纹饰

将西式陶瓷餐具的纹样与美甲相结合也是一种乐趣。图为皇家哥本哈根"Blue Palmette"（棕榈唐草）

收集同样器型不同纹饰的餐具也是一种乐趣。图片中全部都是威基伍德的"Leigh shape"（丽形）

　　从我们懂事开始，对童年的记忆是在一个好客的家庭里长大的，周围除了日本人还有外国人。

　　美洲、欧洲、非洲、东南亚、大洋洲……来自世界各国的人，短则几小时，长则几个星期，都曾住在我们家，听这些朋友们谈论历史、宗教、文化等话题，对年幼的我们来说是莫大的乐趣。后来，从十几岁开始我们就在不少国家寄宿，和当地人生活在一起。平时我们在偏僻的乡村过着平凡的生活，但回想起来，我们从幼年时期到青春时期的回忆总是与生活在不同文化和环境下的人们在一起，而那些回忆中一定会有围坐在餐桌前的热闹光景，餐桌成了我们与世界各地的人的交流媒介。

　　现在，从父母那里继承了三四十年前和那些朋友一起把玩过的美丽餐具，在日常生活中使用着。每次使用这些老牌名瓷厂的餐具都会勾起我们美好的回忆，让我们深切体会到它们早已成为超越了单纯餐具的存在。

　　美丽的餐具可以经久不衰地使用，成为一个家庭的历史。

　　我们不仅拥有一双西式陶瓷餐具收藏家父母，我们的祖先也和陶瓷很有渊源。曾祖母出身备中成羽的广兼家，是制造有田烧"赤绘"中所使用的最重要的红色原料"铁丹色"（Bengala）的商人，那一带的村落作为"吹屋故里村"被认定为日本文化遗产，曾祖母的故居也成为观光地。

　　我们的祖先制造的铁丹色变身为华丽的陶瓷器，漂洋过海赢得欧洲王公贵族的喜爱，而因为本书的出版，将我们积累多年的西式陶瓷餐具知识分享给更多的人，感觉冥冥中似有命运在引导。

　　本书汇集了我们迄今为止开设的"为零知识的初学者准备的，轻松易懂的西式陶瓷餐具讲座"的精华内容。通过这个讲座不仅能了解西式陶瓷餐具，还提升了解西式陶瓷餐具所需具备的文化修养。托大家的福，讲座得到大家的喜爱，这对我们来说也是一种莫大的鼓励。

　　"不仅因为西式陶瓷餐具漂亮而喜欢。我现在能具体地说出因为什么而喜欢了。"

　　"我把一直收在箱子里的高级礼品餐具拿出来用了。"

"以前我对餐具的历史一窍不通，听了这个讲座之后餐具和历史一下子就联系起来了！"

每次讲座都能听到诸如此类的回馈，如果读过本书之后你也有同样的感受，那将是我们最大的喜悦。

本书不仅能让你感受西式陶瓷餐具的乐趣，更能体会到了解文化知识后的妙趣，如果能为你每日的餐桌增添一抹华丽就是我们的荣幸。

在撰写本书的过程中，承蒙多方关照，借此机会请允许我们向大家表示感谢。

翔永社的山田文惠女士，为了制作这本未曾有过的主题的"全新的"西式陶瓷餐具之书，她十分耐心地与我们合作，并从多方面给予我们很大的帮助。这本书由山田女士负责，没有比这再荣幸的事情了。

向为本书提供大量照片的Noble Traders株式会社，允许我们近距离采访陶瓷制造工艺的株式会社大仓陶园，以及提供协助的陶瓷业界的所有相关人士表示衷心感谢。对满足我们每一个细小要求的设计师藤田康平先生和白井裕美女士，还有绘制了艺术风格的腰封设计和笔触细腻的精美插画的酒井真织女士深表感谢。

专栏撰稿人玄马脩一郎先生也为我们尽了一份力，正如乔舒亚·威基伍德在研究陶瓷的同时还研究矿物和贝类一样，他热爱岩石矿物和"生物衍生出的矿物"贝类，还有"人工矿物"陶瓷器，博学多识的他给了我们很多宝贵的建议。

文末，对以初学者视角协助解说的姐姐绘美子，还有如上所述，为我们营造了让美丽的陶瓷围绕在身边的父母表示深深的谢意。

——加纳亚美子·玄马绘美子

除记载性资料以外，由于本书的性质，我们也从日本辞典、事典、新闻报道、图书中获取资料。此外，陶瓷历史众说纷纭，解析也比较复杂，根据绘画、历史、文学等类别，我们节选出最适合的部分进行总结和概括。

👉 陶瓷器皿

《世界陶瓷全集》（NO.22 欧洲） 小学馆 /1986 年

《欧洲宫廷陶瓷的世界》 前田正明 英庭美咲著 / 角川学艺出版 /2006 年

《古董茶杯 & 茶碟色彩与形状交织的世界》 和田泰志著 / 杂谈社 /2006 年

《欧洲古董杯铭鉴》 和田泰志著 / 事业之日 /1996 年

《器皿物语：该知道的餐具故事》 Noritake 饮食文化研究会编 / 中日新闻社 /2000 年

《西洋餐具之书》 井秀纪著 / 晶文社 /1999 年

《西洋餐具目录》 NAVI international 编 / 西东社 /1996 年

《享受茶艺 西洋古董》 大原照子著 / 文化出版 /1995 年

《英国古董》（PART2 享受餐桌） 大原照子著 / 文化出版 /2000 年

《图说美丽的英国陶瓷器皿的世界》 Cha Tea 红茶教室编 / 河出书房新社 /2020 年

《烧制器皿的科学》 樋口正菜著 / 诚文堂新光 /2021 年

《威基伍德物语》 日经 BP 社 /2000 年

《一目了然的欧洲陶瓷器皿鉴别方法》 大平雅已著 / 东京美术出版 /2006 年

《易懂的西洋烧制器皿的鉴别方法：品牌、特征、历史、甄选方法一目了然》 南大路丰监修 / 有乐出版 /1997 年

《一个目的地海外旅行 陶瓷器皿 in 欧洲》 前田正明监修 / 泓济出版 /1997 年

《烧制器皿的教科书》 陶工房编辑部编 / 诚文堂新光社 /2020 年

《西洋器皿 & 玻璃器皿》 新星出版社 /1999 年

《西洋餐具事典》 成美堂出版 /1997 年

《西洋餐具》 永岗书店 /1997 年

《可爱的东欧陶瓷》 诚文堂新光社 /2014 年

《Slipware 释釉陶器》 诚文堂新光社 /2016 年

《烧制器皿事典》 成美堂出版 /2006 年

《美丽的西洋餐具之书：甄选 1380 件一流品牌名品》 MOOK 杂谈社 /1992 年

《新美丽的西洋餐具之书：观赏之乐、选择之喜、使用之幸福》 杂谈社 /1994 年

《欧洲名窑图鉴：品鉴一流西洋餐具》 /1988 年

《北欧芬兰巨匠们的设计》 PIE international/2015 年

《铅笔盒 36 号特辑 待客的器皿》 DNP Art communications/2017 年

《柳纹的世界史：大英帝国与中国的幻影》 东田雅博著 / 大修馆书 /2008 年

《设计的国家英国："用与美"的器皿制造 · 威基伍德与莫里斯的系谱》 山田真实著 / 创元社 /1997 年

《西洋陶瓷入门》（彩版） 大平雅已著 / 岩波新书 /2008 年

《图鉴国立梅森瓷器美术馆藏 · 梅森瓷器的 300 年》 2011—2012 年

《图鉴魅惑的北欧新艺术风格：皇家哥本哈根 Bing & Grøndahl》 盐川收藏 /2012 年

《英国陶瓷名品展 · 皇家道尔顿皇家皇冠德比维多利亚王朝 · 装饰艺术风格》 1998 年

《图鉴布达佩斯工艺美术馆名品展 · 日式风格~新艺术风格》 2020 年

《图鉴海兰德尔 · 皇妃伊丽莎白爱过的匈牙利名窑》 2016—2018 年

《图鉴小杯子的愉悦：中国式风格到新艺术风格 · 设计的大冒险》 2020—2021 年

《图鉴法国印象派陶瓷器皿 1866—1886》 2012—2014 年

《图鉴第 5 回企划展 · 红茶与欧洲陶瓷器皿发展：从麦森、塞弗尔到现代茶具套装》 2001 年

《图鉴特别展 · 日式风格的餐具：点缀西式餐桌的"日本"》 2007 年

《图鉴创立 250 年 威基伍德欧洲陶瓷器皿设计的历史》 2008—2009 年

《图鉴特别展 · 开在巴黎的古伊万里》 2009—2010 年

《图鉴待客的愉悦：用日式风格的器皿享受茶会》 2011 年

《Wiener Porzellan 1718—1864》 1970 年

👉 绘画 · 建筑 · 工艺

《增补新装彩色版西洋美术史》 高阶秀尔监修 / 美术出版 /2002 年

《美术回顾西洋史年表》 池上英洋 青野尚子著 / 新星出版社 /2021 年

《西方绘画鉴赏方法》 冈部昌幸监修 / 成美堂出版 /2019 年

《西方美术史入门》 早坂优子著 / 视觉设计研究所 /2006 年

《跟巨匠学习配色的基本》 内田广由纪著 / 视觉设计研究所 /2009 年

《印象派美术馆》 小学馆 /2004 年

《一目了然欧洲装饰花纹：美与象征的世界之旅》 冈鹤真弓著 / 东京美术 /2013 年

《欧洲花纹辞典》 视觉设计研究所 /2000 年

《新古典浪漫写实主义的魅力》 中山公男监修 / 同期舍出版 /1997 年

《想知道更多的世纪末维也纳绘画：克林姆特、席勒等活跃的黄金与颓废的帝都》 千足伸行著 / 东京美术 /2009 年

《Lobmeyr 水晶灯与玻璃的世界》 Lobmeyr 日本总代理店监修 / 本阿弥书店 /2018 年

《英国贵族宅邸》 田中亮三著 / 小学馆 /1997 年

《图说英国的室内装饰历史》 Trevor Yorke 著 村上理子译 / 西村书店 /1993 年

《图说英国室内装饰的历史 魅惑的维多利亚 house》 小野麻里著 / 河出书房新社 /2013 年

《英国家具》 John Bly 著 小泉和子译 / 西村书店 /1993 年

《威尼斯的石头 · 建筑装饰与八卦精神》 John Ruskin（约翰 · 拉斯金）著 内藤史朗译 / 法藏馆 /2006 年

《想知道更多威廉莫里斯与 Arts and Crafts》 常田益代著 / 河出书房新社 /2008 年

《William De Morgan 与维多利亚艺术》 吉村典子著 / 淡交社 /2017 年

《北欧风格 No.18》 枻出版社 /2009 年

《跟北欧巨匠学习设计》 Asplund/Elissa Aalto/ARNE JACOBSEN 著 / 铃木敏彦 山原有纪译 / 彰国社 /2013 年

《大原美术馆浪漫纪行》 今村新三著 / 日本文教出版 /1993 年

《手作的日本》 柳宗悦著 / 岩波书店 /1985 年

《茶与美》 柳宗悦著 / 杂谈社 /2000 年

《民艺是什么》 柳宗悦著 / 杂谈社 /2006 年

《夕颜》 白洲正子著 / 新潮社 /1997 年

《如画美学与"真实"》 大河内昌著 /2008 年

《如画美学与英国近代》 今村隆男著 / 音羽书房鹤见书店 /2021 年

《图鉴大原美术馆 1 海外的绘画与雕刻 · 从近代到现代》 大原美术馆

《图鉴大原美术馆 2 日本近现代的绘画与雕刻》 大原美术馆

《图鉴珠玉的东京富士美术馆收藏》 东京富士美术馆 /2019 年

《图鉴维多利亚与艾尔伯特博物馆所藏 英国浪漫主义绘画展》 2002 年

《图鉴华丽的宫廷凡尔赛宫 从太阳王路易十四到玛丽 · 安托瓦奈特》 2002—2003 年

《图鉴特别展拿破仑展 · 英雄与浪漫的人间学》 1999 年

《图鉴 Vienna on the Path to Modernism 世纪末之路》 2019 年

历史 · 宗教

👉《宗教全史》 出口治明著 / 钻石社 /2019 年

《去出岛旅行》 山口美由纪著 / 长崎文献社 /2016 年

《走街串巷 35 荷兰纪行》 司马辽太郎著 / 朝日新闻社 /1994 年

《超图解最简单易懂的基督教入门》 月本昭男著 / 东洋经济新报 /2016 年

《英国王室 1000 年的历史》 指明博研修 / 完全出版 /2014 年

《哈布斯堡王朝》 菊池良生著 /Natume 社 /2008 年

《学习漫画 世界的历史大事事典》 铃木恒之监修 / 集英社 /2002 年

《学习漫画 世界的历史人物事典》 铃木恒之监修 / 集英社 /2002 年

《山川详说世界史图鉴》(第 2 版) 山川出版社 /2017 年

《出岛所藏名品图鉴以文化交流之岛》 长崎市文化观光部 出岛复原整备室编 /2016 年

《回顾出岛荷兰馆 19 世纪初的街道与生活》 长崎市出岛复原整备室编 /2016 年

《小学馆版学习漫画世界历史》 7,9,10,12,13,15. 小学馆 /2018 年

《杂谈社版学习漫画日本历史 17 大正民主主义》 船桥正真 西山优里子监修 / 杂谈社 /2020 年

《齐藤孝的杂烩！西洋哲学》 齐藤孝著 / 祥传社 /2017 年

《齐藤孝的杂烩！世界史》 齐藤孝著 / 祥传社 /2011 年

《丹麦历史》 桥本淳编 / 创元社 /1999 年

《游学旅行——18 世纪意大利之旅》 冈田温司著 / 岩波书店 /2010 年

《歌德的意大利纪行之旅》 牧野宣彦著 / 集英社 /2008 年

《名画解读普鲁士王国的 12 个故事》 中野京子著 / 光文社 /2021 年

《欧仁皇后 第二帝政的荣光与没落》 窪田般弥著 / 白水社 /1991 年

《罗斯柴尔德家族 犹太国际财阀的兴亡》 横山三四郎著 / 杂谈社 /1995 年

《达尔文与进化论：探索他的生涯与思想》 大森充香译 / 丸善出版 /2009 年

《玛丽 · 安托瓦奈特》 惣领东美著 / 杂谈社 /2016 年

《泰坦尼克号最后的日子》 D.Robert D.Ballard 著 /1997 年

👉 音乐 · 文艺 · 文化等

《从文艺复兴到浪漫主义：美术.文学.音乐样式的潮流》 音乐之友社 /1983 年

《新版经典了解世界史 · 活在时代中的作曲家 改变历史的名曲》 西原念著 / Artes publishing/2017 年

《学习音乐史 从古希腊到现代》 金泽正刚著 / 音乐之友社 /2013 年

《名画解读古希腊神话》 久保田庆一著 / 教育艺术社 /2017 年

《基督教与音乐》 几天敦彦监修 / 世界文化社 /2013 年

《真实的古希腊》 藤 SHISHIN 著 / 实业之日本社 /2015 年

《巴赫》 樋口隆一监修 / 创元社 /1996 年

《贝多芬 音乐革命是如何实现的》 中野雄著 / 文艺春秋 /2020 年

《听贝多芬了解世界史》 片山杜秀著 / 文艺春秋 /2018 年

《彼得迈尔：19 世界德国文化史研究》 前川道介著 / 国书刊行会 /1993 年

《图说维多利亚时代女性的生活和工作的人们》 川端有子著 / 河出书房新社 /2019 年

《享受下午茶：英国红茶文化》 出口保夫著 / 丸善株式会社 /2000 年

《不可思议的男人》 杰拉尔丁 · 麦考林著 / 金源瑞人译 / 偕成社 /1998 年

《没有图画的书》 安徒生著 / 矢崎源九郎译 / 新潮社 /1987 年

《没有图画的书》 安徒生著 / 铃木彻郎译 / 集英社 /1990 年

《安徒生讲故事的生涯》 杰姬 · 伍施拉格著 / 安达麻美译 / 岩波书店 /2005 年

《佩罗童话中的英雄们》 片木智年著 /serika 书房 /1996 年

《全译佩罗童话故事集》 新仓朗子译 / 岩波书房 /1982 年

《睡美人 · 夏尔佩罗童话集 · 向往的维也纳》 松洁译 / 新潮社 /2016 年

《现代语译西国立志编 · 自助论》 塞缪尔 · 斯迈尔斯著 / 中村正直译 / 金谷俊一郎译 /PHP 出版 /2013 年

《友情》 武者小路实笃著 / 新潮社 /1987 年

《白桦派文学》 本多秋五著 / 新潮社 /1960 年

《巴黎世纪末的拱廊街：从艾菲尔铁塔到巧克力》 鹿岛茂著 / 中央公论新社 /2000 年

《化身博士》 罗伯特 · 路易斯 · 史蒂文森著 / 田中西二郎译 / 新潮社 1989 年

《怪物说明书 伦敦的吸血鬼 英国的哈利 · 波特》 坂田薰子著 / 音羽书房鹤见书店 /2019 年

《英国哥特式小说系谱》 坂本光著 / 庆应义塾大学出版会 /2013 年

《读哥特式小说》 小池滋著 / 岩波书店 /1999 年

《奥多芙的神秘 2 抄译与研究》 惣谷美智子译 / 大阪教育图书 /1998 年

《傲慢与偏见》 简 · 奥斯汀著 / 大岛一彦译 / 中央公论新社 /2017 年

《傲慢与偏见》 简 · 奥斯汀著 / 小山太一译 / 新潮社 /2014 年

《简 · 奥斯汀的生涯：从小说家之视角》 卡罗尔 · 希尔兹著 / 内田能嗣 大岛一彦监译 / 世界思想社 /2009 年

《伦敦的夏目漱石》 出口保夫著 / 河出书房新社 /1991 年

《漱石 芥川 太宰》 佐古纯一郎 佐藤泰正著 / 朝文社 /2009 年

《哥儿》 夏目漱石著 / 新潮社 /2003 年

《草枕》 夏目漱石著 / 新潮社 /1987 年

《三四郎》 夏目漱石著 / 新潮社 /1986 年

《绿山墙的安妮》 露西 · 莫德 · 蒙哥马利著 / 松本郁子译 / 文艺春秋 /2019 年

《图说绿山墙的安妮》 奥田实纪著 / 河出书房新社 /2013 年

《阿尔卑斯山的少女海蒂》 约翰娜 · 斯比丽著 / 松永美穗译 /KADOKAWA/2021 年

《从海蒂看欧洲》 森田安一著 / 河出书房新社 /2019 年

《海蒂的原点：阿尔卑斯少女》 Dr.Petter Büttner 著 / 川岛隆译 / 都文堂 /2013 年

《1920 年代旅行记》 海野弘著 / 冬树社 /1984 年

《阿加莎 · 克里斯蒂》 希拉里 · 麦卡吉尔著 / 青木久惠译 / 清流出版 /2010 年

《阿加莎 · 克里斯蒂与咖啡》 井谷芳惠著 /INAHO 书房 /2018 年

《少物丰活：推荐悠闲简约的生活》 大原照子著 / 大和书房 /1999 年

《傲慢与偏见》 简 · 奥斯汀著 / 企鹅图书 /1995 年

☞ **图片提供**

ANTIQUE HOUSE PORTBELLO

哈维兰日本官方代理店

Essen Corporation 株式会社

井村美术馆·京都美商株式会社

Sohbi（创美）株式会社

NARUMI（鸣海制陶）株式会社

Nikko 株式会社

Noble Traders 株式会社（Le noble）

柏图日本株式会社

皇家皇冠德比日本株式会社

卢臣泰日本合同会社

宁芬堡瓷器

☞ **协助制作**

大仓陶园株式会社

ERCUIS RAYNAUD 东京青山店

Richard Ginori Asia Pacific Co.,Ltd.

金田一郎

福井朋子

米山明泉

日文版：
艺术指导　藤田康平(Barber)
设计　白井裕美子
插图　酒井真织
摄影　加纳亚美子
编辑　山田文惠

* 本书中刊登的陶瓷品牌，是根据编辑方针选定的，其中包括作者私人收藏的古董和已经停产的陶瓷餐具，有些已经不在市场上销售，还请谅解。

皇家哥本哈根 "Blue Palmette"（棕榈唐草）

あたらしい洋食器の教科書(Atarashi Yoshoki no Kyokasho: 7303-0) © 2022 Amiko Kanou, Emiko Genba

Original Japanese edition published by SHOEISHA Co.,Ltd.

Simplified Chinese Character translation rights arranged with SHOEISHA Co.,Ltd.

in care of CREEK & RIVER Co., Ltd. through CREEK & RIVER SHANGHAI Co., Ltd.

Simplified Chinese Character translation copyright © 2025 by Publishing House of Electronics Industry Co.,Ltd.

本书简体中文版经由SHOEISHA Co.,Ltd.会同 CREEK & RIVER SHANGHAI Co., Ltd.授予电子工业出版社有限公司在中国大陆出版与发行。专有出版权受法律保护。

版权贸易合同登记号　图字：01-2024-5073

图书在版编目（CIP）数据

西式陶瓷餐具鉴赏宝典 ／（日）加纳亚美子，（日）玄马绘美子著；胡菡译. -- 北京：电子工业出版社，2025. 3. -- ISBN 978-7-121-49561-8

Ⅰ．TQ174.73

中国国家版本馆CIP数据核字第202533EA95号

责任编辑：白　兰
印　　刷：鸿博睿特（天津）印刷科技有限公司
装　　订：鸿博睿特（天津）印刷科技有限公司
出版发行：电子工业出版社
　　　　　北京市海淀区万寿路 173 信箱　　邮编：100036
开　　本：787×1092　1/16　印张：17.75　　字数：537 千字
版　　次：2025 年 3 月第 1 版
印　　次：2025 年 3 月第 1 次印刷
定　　价：138.00 元

凡所购买电子工业出版社图书有缺损问题，请向购买书店调换。若书店售缺，请与本社发行部联系，联系及邮购电话：（010）88254888，88258888。

质量投诉请发邮件至 zlts@phei.com.cn，盗版侵权举报请发邮件至 dbqq@phei.com.cn。

本书咨询联系方式：bailan@phei.com.cn，（010）68250802。